湛庐文化 Cheers Publishing

a mindstyle business

与 思 想 有 关

“社会生物学之父”
“当代达尔文”
知识的巨人
爱德华·威尔逊
Edward O.Wilson
HALF-EARTH

社会生物学之父：从玩蚂蚁的男孩到蚂蚁研究权威

爱德华·威尔逊出生于1929年，是当今生物学界当之无愧的翘楚，被誉为“社会生物学之父”。威尔逊在众多领域成就卓越，如果非要给他贴个标签的话，除了“进化生物学家”之外，“终身博物学者”、“多产作家”、“倾尽心血的教育家”或者“高调的公共知识分子”大概也同样适用。在这一切广泛而深刻的贡献之中，威尔逊的名声和成就都是建立在他对蚂蚁的研究之上的。威尔逊从6岁开始“玩蚂蚁”，从事蚂蚁研究60余年，其关于蚂蚁通信和蚁群社会结构的相关发现，奠定了他蚂蚁研究的权威地位。从蚂蚁研究到构建社会生物学体系，威尔逊感兴趣的“不仅仅是蚂蚁本身”。

如今，年过八旬的威尔逊见到蚂蚁，依旧像个小男孩一样天真。他会从花园的小路上捡起一只蚂蚁，念出它的拉丁文学名。蚂蚁已经融入威尔逊的生活之中，是其传奇人生的一部分。

当代达尔文：争议引发的“冰水事件”

威尔逊著作等身，文风卓然，两度获得普利策奖。20 世纪 70 年代，威尔逊写了三本里程碑式的著作，详尽阐述了他的社会生物学观点：《社会生物学》、《论人的本性》以及《昆虫的社会》。这三本书中贯穿始终的观点是：基因不但决定了我们的生物形态，还帮助塑造了我们的本能，包括我们的社会性和很多其他个体特性。这些主张招致了大量激烈的批评，社会科学的每一个领域都没缺席，甚至还包括进化生物学界的一些著名专家。从1975年至今，威尔逊的社会生物学理论一直在西方进化生物学界有着巨大争议。有人将其描述为“一场科学群架”。

在1978年美国科学促进会于华盛顿举行的年度会议上，威尔逊准备发表演讲时遭到了反种族主义示威者的冲击，有一位年轻妇女把一罐冰水倒在了他头上，其他示威者则齐声高喊：“威尔逊，你湿透了！”这句美国俚语的含意是：“你非常不受欢迎！”威尔逊自己后来不失风度地把这次事件称为“冰水事件”。据说这是近代美国史上科学家仅仅因为表达某个理念而遭到身体攻击的唯一一宗案例。

知识的巨人：从社会生物学到知识大融通

晚年的威尔逊致力于“知识大融通”。他提出的理论，从分子遗传学、生态学、人类学到认知科学，无所不包。在他的里程碑式三部曲中，威尔逊提出了一个理论来回答他心目中“生物学最大的未解之谜”——为什么生命历史上会有二三十种生物达成了伟大突破，建立起高度复杂的社会形态。在他看来，真社会性物种“绝对是生命历史上最为成功的物种”。人类当然算得上成功，毕竟人类已经彻底改变了环境，占据了独特的地位。不过要是按照其他一些标准，蚂蚁可能要更加成功。

人类家园的生存之战

[美]爱德华·威尔逊(Edward O. Wilson)◎著

魏 薇◎译

《蜜蜂、苍蝇与花卉》。
艾尔弗雷德·埃蒙德·布雷姆（Alfred Edmund Brehm），1883—1884。

你对生物多样性了解多少？

对于人类的永续发展而言，生物多样性[①]是一个我们无法回避的问题。以下选择题包括单项选择与多项选择两种，来测试一下你的了解程度吧！

1. 生命组织的三大层级是指什么？（　　）

A. 由珊瑚礁、河流和森林等构成的生态系统

B. 决定生物性状的基因

C. 存在于生态系统中的生物物种

D. 人类生存的适宜居住的土地

2. 地球史上发生过多少次颠覆性的毁灭事件？（　　）

A. 3 次　　B. 4 次　　C. 5 次　　D. 6 次

3. 生物圈的上下层界限分别是什么？（　　）

A. 由被风暴席卷到万米高空的细菌构成的顶层界限

B. 由数百万种微观粒子构成的地面界限

C. 由数千万种海洋生物构成的海洋界限

D. 位于陆地和海洋之下至少 3 公里的底层界限

---

① 指地球上所有地区、所有时间尺度内的生物总量。——编者注

4. 以前在非洲平原以及亚洲雨林中生活着数百万只犀牛，但仅仅一个世纪之后，犀牛就陷入了濒危的境地。你知道世界上现存的犀牛有多少只吗？（　　）

A. 50 000 只　　B. 15 000 只

C. 36 000 只　　D. 27 000 只

5. 以下哪些是个体物种的珍稀程度划分等级？（　　）

A. 濒危物种　　B. 野外灭绝

C. 灭绝　　D. 无危物种

6.《巴黎协定》的主要内容有哪些？（　　）

A. 签订各方承诺将全球平均气温增幅控制在低于 2℃的水平，并向 1.5℃温控目标努力，以降低气候变化风险

B. 明确了从 2023 年开始以 5 年为周期的全球盘点机制（global stocktake）

C. 提高适应气候变化不利影响的能力并以不威胁粮食生产的方式增强气候防御力和温室气体低排放发展

D. 我国在 2030 年之前要实现碳排放水平比 2005 年下降 28%

7. 人体的平均细胞总量有多少？（　　）

A. 3 000 亿　　B. 4 000 亿

C. 5 000 亿　　D. 6 000 亿

8. 在威尔逊看来，以下哪些是全球生物多样性最佳地点？（　　）

A. 中国西双版纳自然保护区　　B. 亚马孙河盆地

C. 南美洲大西洋森林　　D. 加拉帕戈斯群岛

9. 目前，全球生物多样性的灭绝速率是多少？（　　）

A. 是前人类时期的 100 倍

B. 是前人类时期的 500 倍

C. 是前人类时期的 1 000 倍

D. 是前人类时期的 15 000 倍

10. 为了保护生物多样性，全球目前累计建立了多少个陆地自然保护区？（　　）

A. 112 000个　　B. 161 000个

C. 243 000个　　D. 307 000个

11. 为了保护全球生物多样性，我们可以采取的措施有哪些？（　　）

A. 用集约型经济增长替代粗放型经济增长

B. 促进科技创新，大力发展人造生命和人工智能产业

C. 将地球表面一半的面积建成自然保护区

D. 加快主宰地球，将地球变成人类的王国

想要知道如何保护生物多样性，保护地球家园吗？
扫码获取“湛庐阅读”APP，
搜索“半个地球”查看测试题答案！

何为人类

他们是故事的讲述者，是神话的创造者，是这个生机盎然的世界的毁灭者。他们将理性、情感和宗教掺杂在一起展开思考。他们是更新世晚期灵长类进化过程中幸运出现的偶然事件。他们是生物界的思想主宰。他们充满神奇的想象力和充沛的探索欲，却不甘为这颗走向颓势的星球服务，而要坐上主人的位置。他们生来就具备生存和持续进化的能力，也拥有为生物界赋予永恒力量的能力。然而，他们却傲视一切、行事鲁莽，总是危险地将自我、部族和短视的未来置于最高位置。他们对幻想中的神明卑躬屈膝，而对更低等的生命形式充满鄙视。

那些能将眼光放到 10 年之后的人们才有可能真正看清，人类正在玩火自焚。人类自以为对地球的主宰并不是真相，我们和自身家园之间的关系正越来越疏远。人口数量庞大，使得安全与舒适成为幻想。饮用水日益短缺，陆地上的各类活动导致大气和海洋的状况每况愈下。气候变化，除微生物、水母和真菌类生物以外，对其他生物均已造成负面影响，对许多物种来说甚至是致命的。

人类制造出来的问题是全球性的、渐进式的。在不久的将来，我们就将失去回头的余地。这些问题无法分拆开来一一解决。用来生产页岩气的水资源是有限的，用来开发种植黄豆和棕榈树的雨林面积是有限的，可供储存过剩碳的大气空间也是有限的。

与此同时，我们依然无动于衷，脑袋中除了经济增长、大肆消费、个人健康和幸福之外别无其他。而这样的行为对生物界其他部分的影响是极其负面的。生存环境变得不再稳定，不再舒适，而人类的长远发展也充满了变数。

我创作的三部曲作品讲述了人类物种如何成为人类世[①]时代（Anthropocene epoch）的设计师和统治者，由此所产生的结果对所有生命形式都造成了深及地质未来的影响，其中包括我们自身，也包括自然界的各类生物。《半个地球》这部作品是三部曲中的最后一部。在《地球的社会征服》（*The Social Conquest of Earth*）中，我讲到了先进社会组织在动物王国中是十分罕见的成就，而且是在地球 38

① 新近提出的一个地质时间单位，是指全球环境受人类活动的影响而改变的状况。

亿年的生物历史后期才出现的。目前已有一些证据证明，这一现象在当时非洲大型灵长类动物中已经出现。

在《人类存在的意义》(*The Meaning of Human Existence*)[①]中，我从科学的角度分析了水平相当低下的人类感官系统和充满矛盾、根基不牢的道德推理能力，解释了为什么我们的感官系统和道德推理能力均存在缺陷，不足以承担现代人类的使命。无论人类对此怎么看，我们都是驻留在生物界中的一个生物物种，神奇地适应了地球上过往的奇特生存环境，却十分可悲地对当下的环境，或者说我们正在创造的环境，无法适应。无论从身体还是灵魂的角度来看，我们都是诞生于全新世的子孙，却尚未适应全新世的后继者——人类世。

我想在这本书中提出的是，只有将地球表面的一半交还给大自然，我们才有希望保留并拯救地球上的众多生命形式。人类这种动物本能和社会文化意识的独特混合体，已将我们和其他物种带上了通往毁灭的轨道。我们需要对自身和其他生命进行比现有人文和科学成就更加深层的了解。我们需要尽快脱离教条式的宗教信仰和百无一用的哲学思想的泥潭。

除非人类能对全球生物多样性有更加充分的把握，并迅速行动起来予以保护，否则我们很快就会失去地球生命中的绝大部分物种。而

① 《人类存在的意义》中文简体字版已由湛庐文化策划、浙江人民出版社出版，将带您透过生命科学的辨析，探寻人类存在的终极意义！——编者注

目前首要的紧急解决方案是：将半个地球甚至更大的面积留作储备，这样我们才能拯救环境之中的有生力量，实现人类自身生存所需的稳定。[①]

① 我首次提到这一全球扩张储备计划的基本概念，是在2002年出版的《生命的未来》（*The Future of Life*）一书之中，并在2014年出版的《永恒之窗：一名生物学家在戈龙戈萨国家公园的漫步》（*A Window on Eternity: A Biologist's Walk through Gorongosa National Park*）中对该思想进行了扩展。“半个地球”这一说法，是托尼·西斯（Tony Hiss）在2014年发表于《史密森杂志》上的文章《地球上最狂野的思想》（*The Wildest Idea on Earth*）中，专门针对这一概念而提出来的说法。

HALF-EARTH

目 录

第一部分

我 们 面 临 的 问 题

地球上各类生命形式，大部分并不为科学所知。人们发现和有研究的物种主要是脊椎动物和开花植物，其数量正在以越来越快的速度递减，原因几乎全部与人类活动有关。

HALF-
EARTH

Our Planet's Fight for Life

01

第六次物种大灭绝

《真菌集锦》。

弗朗西斯库斯·范·斯特比克（Francicus van Sterbeeck），1675。

01
第六次物种大灭绝

65 00 万年前，一颗直径达 12 千米的小行星以每秒 20 公里的速度，撞到了如今位于尤卡坦半岛（Yucatán）的希克苏鲁伯（Chicxulub）海岸上。这次撞击形成了深达 10 公里，宽达 180 公里的大坑，将地球像个铃铛一样狠狠地敲了一下。随后紧跟着便是火山爆发、地震、酸雨，如山峰般席卷而来的巨浪将整个世界扫荡了一遍。灰尘遮蔽了天空，挡住了阳光，阻止了光合作用。黑暗持续了很久，绝大多数植被被活活扼杀。在充满杀机的漫长午夜，气温迅速下降，火山冬天（volcanic winter）[①]封锁了整个星球。70% 的物种从此消失，其中就包括最后一代恐龙。在一些幽暗的角落，微生物、真菌和食腐蝇类这些生命世界之中的清扫大师，在死去

① 指大规模火山喷发之后大气温度异常降低的现象。——编者注

的植被和动物尸体的养育下兴旺繁衍了一段时间，但很快，它们的数量也下降了。

这就是爬行动物时代终结的中生代，也是哺乳动物时代开始的新生代。人类是新生代的终极产物，很可能也是新生代的最后一件作品。

地质学家将新生代分为 7 个世代，每个世代都有其代表环境和生活于其间的特色动植物。按时间顺序排列，排在首位的是古新世，这段时间长达 1 000 万年，生物多样性在进化的作用下，从中生代大灾难的摧毁中一点点复苏。随后是始新世、渐新世、中新世和上新世。第 6 个世代是更新世，在这段时间中，大陆冰川逐渐形成，后又出现了消退。

最后一个经地质学家正式认可的是全新世，也就是我们所生活的世代。全新世始于 11 700 年前，那时，最后一片大陆冰川开始退行。温和的气候条件也在生物史上创造出了物种数量最为繁多的短暂“春天”。

全新世早期，人类在地球上几乎所有适宜居住的土地上都留下了脚印。生命组织的全部三大层级都面临着希克苏鲁伯撞击的破坏性力量所带来的新威胁。这三大层级首先是由珊瑚礁、河流和森林等构成的生态系统，然后是诸如珊瑚、鱼类和橡树等存在于生态系统之中的生物物种，最后一层则是决定物种性状的基因。

从地质时间的维度来看，生物灭绝事件并不罕见。在生命历史上，灭绝事件总是以随机变化的强度接连发生。而真正具有决定性意义的重大事件，只会每隔一亿年发生一次。据考证，地球上曾发生过 5 次颠覆性的毁灭事件，最近的一次就是发生在希克苏鲁伯的陨石撞击。每一次事件发生之后，地球都需要大约 1 000 万年的时间进行自我修复，这也是为什么由人类引起的毁灭大潮常被称作第六次大灭绝的原因。

许多专家都曾撰文指出，地球已经与往昔大不相同。当下可以被认定为全新世的结束，以及一个新的地质世代的开端。20 世纪 80 年代早期，水生动物学家尤金 · 施特莫（Eugene F. Stoermer）为新世代提出了一个称谓——人类世，即属于人类的世代。后在 2000 年经大气化学家保罗 · 克鲁岑（Paul Curtzen）推广开来。

将人类世作为独立的世代正式提出，其背后的逻辑是站得住脚的。通过以下思维实验，读者便能有更加清晰的了解。假设在未来的某一天，地质学家要对地球上的沉积岩层进行发掘，沿着地质的记忆往前追溯数千年。发掘过程中，他们会遇到一层又一层界限清晰、因不同化学物质而导致质地改变的泥土，从中发现因快速气候变化而产生的物理和化学痕迹，以及大量经过驯化的动植物化石。这些化石都是在突然之间、在全球范围内替换掉了地球上绝大部分的前人类时代的动植物。除此之外，研究人员还会挖掘出机器的碎片和一些五花八门的致命武器。

未来的地质学家可能会说：**“不幸的是，人类世将飞速的技术进步和人性中最卑劣的一面结合在了一起。对人类和其他生灵来说，那是一段可怕的时光。”**

HALF-EARTH

Our Planet's Fight for Life

02

人类需要生物圈

《欧洲的树林水岸》。

艾尔弗雷德·埃蒙德·布雷姆，1883—1884。

02
人类需要生物圈

生物圈，是在任何给定时间地球上所有有机体的总和，是你在阅读这段文字时，地球上所有活生生的植物、动物、藻类、真菌和微生物的加和。

生物圈的上层界限由被风暴席卷到万米高空的细菌构成，其实际高度可能还要更高。在这一高度上的细菌物种占据了所有微观粒子的 20%，其余都是没有生命的尘埃颗粒。有研究人员认为，其中一些细菌物种能通过光合作用和对死亡的有机物质进行分解，来实现物质的循环和个体繁殖。有关这种“高高在上”的生物层级能否被视为一个生态系统，目前尚没有定论。

生命的最底层界限，存在于科学家所称的深层生物圈的下部边界，即位于陆地和海洋之下至少 3 公里深的地方，细菌和线虫能在地球岩浆释放出来的强大热量中维持生存。目前，科学家在这炼狱般的地底找到的为数不多的几类物种，可以依靠从身边岩石中提取的物质与能量来维持生存。

与庞大的地球整体相比，生物圈简直薄得像纸一样，重量几乎可以忽略不计。整个生物圈像一层薄膜一样覆盖在地球表面，即使是在地球大气层外延轨道运行的飞行器上，如果不通过工具进行观测，都无法察觉到它们的存在。

人类自认为是生物圈的主宰，是生物进化的终极杰作，相信自己拥有无上的权力，可以为所欲为地对其他生命做任何事情。在地球上，“权力”就是人类的代名词。上帝对约伯设下的挑战，都不会令我们感到怯懦。

> 你曾进到海源，或在深渊的隐密处行走吗？
>
> 死亡的门曾向你显露吗？死荫的门你曾见过吗？
>
> 地的广大你能明透吗？你若全知道，只管说吧！
>
> 光明的居所从何而至？黑暗的本位在于何处？
>
> 谁为雨水分道？谁为雷电开路？

《圣经·约伯记》，钦定版[①]

（38:16-19:25）

---

① 钦定版《圣经》特指由英王詹姆斯一世下令翻译的版本。——编者注

我们或多或少已经做到一些了。探险家下潜到海洋最深处的马里亚纳海沟之中，看到了鱼群和大量微生物。人们还完成了太空旅行，虽然这样做并没能让人们更接近不言不语的上帝。科学家和工程师向太空发射出太空舱和机器人，对太阳系中的其他行星和路过的小行星进行细致入微的考察。用不了多久，我们就将有能力探索其他星系，以及那些星系之中的星球。

然而，人类自身、人类的躯体依然像百万年前进化之初那样不堪一击。我们依然是有机体，完全依赖于其他有机体维持生存。借助生物圈中的其他有机体，人类便能生存于没有人工制品的环境中，但生物圈中可供我们利用的部分极其有限。

我们极端依赖于躯体，脆弱不堪，而且无人能幸免。我们都必须遵从军队在生存训练中提出的**“万事皆三”原则：没有空气能生存三分钟，冰点气温环境下没有住所和衣物能生存三小时，不喝水能生存三天，没有粮食能生存三周。**

为什么人类会如此脆弱，如此强烈地依赖于外部条件呢？原因与生物圈中其他所有物种的脆弱性和依赖性如出一辙。就连老虎和鲸在特定的生态系统中都需要保护。每一个物种都有自己的软肋，都受到“万事皆三”原则的限制。举个例子，如果你把一个湖泊的水质变酸，其中的某些物种就将消失，但也有一些物种会活下来。那些依靠灭绝物种维持生存的幸存者，大多都以灭绝物种为食或依靠灭绝物种而免遭捕猎者的攻击。这些幸存者将在不久之后消失殆尽。因物种间互动而引发的群体规模效应，被科学家称为“密度调节”（density-dependent）[①]，适用于所有生命。

密度调节的经典案例，是狼群在树木生长过程中发挥的促进作用。在黄石国家公园，只要某个区域内有一小群狼，就会极大地降低同一地区的驼鹿数量。一匹狼可以在一周之内吃完一只驼鹿（狼能在几个小时之内就将一顿饱餐消化掉），而一只驼鹿能在同一时间段吃掉大量的白杨幼苗。狼群作为顶级捕猎者，能将驼鹿从该区域吓跑。只要有狼在，被驼鹿吃掉的杨树苗就会减少，杨树林的密度就会增加。而当狼群离开后，驼鹿就会回来，杨树的生长速度也会大幅下降。

孟加拉孙德尔本斯国家公园中有一片红树林，在那里，老虎也扮演着同样的角色。那里的老虎以梅花鹿、野猪、猕猴以及人类作为捕猎对象，导致这些物种的种群数量不断减少，也由此促生了更加丰沛、更具生物多样性的动植物种群。

生物多样性作为一个整体，对生存于其间的每一个物种都具有保护作用，也包括人类。除了那些因人类行为导致灭绝的

① 主要指生物种群的密度调节，以使生物圈保持平衡。种群密度增大时，某一种群的增长受到抑制；密度减小时，可促进某一种群的增大。——编者注

物种之外，倘若再有 10% 的物种、50% 的物种，甚至 90% 的物种消失会发生什么事情？**随着越来越多的物种消失或濒临灭绝，幸存者的灭绝速度也越来越快**。在某些情况下，这样的效应会立即显现出来。一个世纪之前，曾经在北美洲东部随处可见的美洲栗树，因遭受来自亚洲的真菌疫情几近灭绝。7 个飞蛾物种因其幼虫以美洲栗树的枝叶为食而消失，而最后一批旅鸽也随之灭绝。随着当地生物灭绝情况的加剧，生物多样性到达了一个临界点，至此，生态系统彻底瓦解。目前，关于这样的全球性大灾难何时以及在什么样的情况下最有可能发生，科学家才刚刚开始展开研究。

真实的灾难性场景中，某个栖息地可能由于外来物种的侵入而被完全掠夺，这并非好莱坞剧本。每个进行生物多样性调查的国家都发现，殖民物种的数量在以指数级速度增长。其中一些可能在某种程度上对人类有害，或对环境有害，抑或对两者皆有害。美国应颁布总统的行政命令，以明确政府政策，将这些物种界定为“入侵”物种。一小部分入侵物种就能造成巨大的破坏，还有可能诱发灾难性事件。其中一些物种因其巨大的破坏性而家喻户晓。在一张迅速拉长的“入侵”物种名单中，包括了外来火蚁（红火蚁）、亚洲白蚁（“吃掉新奥尔良的白蚁”）、吉普赛蛾（舞毒蛾）、翡翠榆树甲虫、斑马贻贝、亚洲鲤、蛇头鱼，以及两种蟒蛇和西尼罗河病毒。

在其原先居住的地区，入侵物种是作为生活了成千上万年的本土物种存在的。在自己的家园中，它们在自然条件下适应了其他本土物种，同时扮演着捕食者、猎物和竞争对手的角色，因此种群数量受到了控制。研究人员发现，入侵物种最能适应那些人类喜欢的环境，比如草地、河岸等。遍布美国南部、蜇伤疼痛难忍的外来火蚁作为入侵物种，在草地、住宅院落和道路旁最为活跃。而其南美洲的原驻物种则十分驯良，只在草原和冲积平原一带活动。

外来火蚁一直是我在野外考察和实验室中非常关注的研究对象。一次，为了拍摄一段影片，我将手伸进了火蚁巢穴。刚伸进去没几秒钟时间就被暴怒的工蚁蜇了 54 下。在接下来的 24 小时之内，每一个受到火蚁攻击的伤口都变成了又疼又痒的脓包。所以我建议：千万别将手伸到火蚁巢穴里，更不要坐在它们的巢穴上。

不被人类聚居地的规则所容纳的入侵物种，对自然环境而言，危害性尤其大。不起眼的火蚁比普通火蚁（我的另一个研究对象）的个头还要小，也是南美雨林的原生物种，但它能成群结队深入热带丛林，单枪匹马地灭掉几乎所有生活在落叶层和土壤中的无脊椎动物。

另一种可怕的栖息地破坏者是棕树蛇。这种蛇是在 20 世纪 40 年代被人们从新几内亚或所罗门群岛不小心带到关岛上的。棕树蛇尤其擅长捕食在树上筑巢的鸟类，因此，关岛上的 7 种鸣禽几乎被扫荡一空，幸存者屈指可数。

一些学者认为，随着时间的推进，入侵物种最终会在当地安定下来，融入稳定的“新型生态体系”，但实际证据并不支持这样的说法。**应对生物界的混乱现象，唯一经实践证实的方法就是尽可能对大规模的保护区以及其中的本土生物多样性进行保护。**

人类也受到物种相互依存的铁律的制约。我们并不是空降在伊甸园之中的成品入侵物种，也不是靠神明指引去主宰这个世界的统治者。生物圈并不属于我们，而我们属于生物圈。

围绕在我们身边的种类繁多、五彩斑斓的有机体，是自然选择通过 38 亿年的进化形成的产物。人类作为旧世界灵长类动物中的一个幸运物种，是自然选择演进至今的产物之一。而这一切从地质角度来看，不过是转瞬之间的事。我们的生理和思想都适应了存在于生物圈之内的生活。而关于生物圈，我们才刚刚开始了解。人类虽有能力保护其他生命，事实上却依然毫无顾忌地倾向于毁灭其中的很大一部分。

HALF-EARTH

Our Planet's Fight for Life

03

缤纷的生命

一只在飞蛾幼虫饲草寄主植物上的飞蛾的生活史。

玛丽亚·西比拉·梅里安（Maria Sibylla Merian），1679—1683。

理论上，生活在地球上的物种总数是可以计算的。用不了多久，我们就能将这个数目限定在极小的范围之中。但就目前来看，从事生物保护的科学家都将全世界的物种普查工作视为一个陷入悖论之中的困境。他们发现，地球生物多样性的量级如同一口魔幻水井。被人类消灭掉的物种越多，新发现的物种就越多。但相比于不断发生的物种破坏程度年度估算，这些增长就是小事了。我们可以对已知物种的灭绝速度进行估算，并将计算结果推及未知物种。目前来看，还没有理由假设已知和未知这两大类物种之间存在巨大的差异性。这样的认识就引出了我们的困境，而这一困境，正是史上最重大的道德问题之一：**我们会为了满足自身的短期需要而继续糟蹋这颗星球，还是会为未来世代着想，悬崖勒马，制止这场大规模灭绝事件？**

如果我们选择了继续破坏这条路，那么地球就会继续不可挽回地跌落到人类世，也就是生物学上的最后一个世代。至此，地球几乎完全被人类占据，其存在也几乎完全依靠于人类，并以人类的生存为目的。我更喜欢将这样一个时期称为孤独世代（Eremozoic）。放眼望去，这个世代满是人类、由人类驯化的动植物，以及遍及全世界各个角落的农田。

为了对生物圈及其缩减速度进行测评，目前最适用的单位就是物种。由各类物种构成的个体生态系统，因其自身的限定而更加具有主观色彩。山脚下的灌木丛会发展成为山林，河道故道湖会发展成为河流，河岸会发展成为三角洲，地下冷泉会发展成为地表泉。另一方面，界定物种特征的基因具有客观性，虽也可以进行明确定义，但较难读取和利用，不容易满足分类学和生物学的多重需求。我们可以在一大群混杂在一起的鸣禽从一处栖息地飞往另一处时，比如从森林边缘飞往森林内部时，利用望远镜进行观测统计，但这种做法不利于我们寻找其偏好栖息地，而若不对样本进行捕获或猎杀，以确认为目的对其DNA进行测序，则更是难上加难。

进行测评更加重要的一点，就是我们辨识有机体时利用的那些视觉、听觉和嗅觉特征，即有机体本身在环境中表现出来的特征。以物种为单位，我们能了解到生命是如何进化的。我们能分析出每一种生命形式因其解剖学、生理学、行为、偏好栖息地，以及所有为其生存和繁衍提供便利的特征，进而形成独有特性的过程和原因。

生物学家为物种下的定义是具有相同特征的个体组成的群体，同时个体之间可以在自然条件下实现交配，而不能与其他物种交配。由此，我们就讨论到了闭合的物种基因库。这一概念存在诸多难点，足以让各有专攻的生物理论学家和哲学家穷尽一生，忙个不停。

这些难点中最令人头疼的，就是在动物和植物王国中，杂交个体总是或多或少出现在这里或那里。如果其基因中掺杂了两种或两种以上物种的基因，那么我们该如何称呼它呢？而且，将杂交的定义应用在出现于不同地方的种群之中十分困难。美国短吻鳄和中国扬子鳄从外表看来有着很大的差别，足以被认定为两个不同物种，但它们生活在不同的大陆上，人们没办法得知它们若在自然条件下相遇，是否会杂交成功。

现实中的经典案例是狮子和老虎。将两类猫科动物关在同一个笼子里时，它们会发生异种交配，但这并非自然状态。古时候，这两种动物的地理覆盖范围存在大面积的重叠，狮子遍及非洲、地中海沿岸，东至印度（现在依然有为数不多的一小群狮子生活在印度古吉拉特邦），老虎的栖息地范围从高加索地区向东，一直覆盖到西伯利亚。而在野外种群中，无论是在古代还是近现代时期，从未有过狮子和老虎之间异种交配产子的报道。

1758 年，乌普萨拉大学（University of Uppsala）植物学教授卡尔·林奈（Carl Linnaeus）提出了生物学家沿用至今的分类体系。他的目标是对世界上所有的动物和植物物种进行描述。林奈的足迹遍布世界各个角落，远及南美和日本。在学生的帮助下，林奈对两万多个物种进行了记录。截至 2009 年，根据澳大利亚生物资源研究报告的统计，物种数量已经增长至 190 万种。自从那时开始，新物种就在以每年 18 000 种的速度被发现并正式赋予拉丁双名。举例来说，狼的双名就是 Canis lupus。由此推算，2015 年，经科学家发现的已知物种数量已超过 200 万。

然而，这一数值依然比实际生存的物种数量少很多。各个领域的专家都认为，我们对地球的了解不过是冰山一角。科学家和公众对脊椎动物颇为熟悉，如鱼类、两栖动物、爬行动物、鸟类和哺乳动物，这点很容易理解，因为脊椎动物体型较大，对人类生活产生着直接影响。最为人们熟知的脊椎动物就是哺乳动物，目前已知的有 5 500 种，据专家估计，大概还有几十种尚未被人类发现。鸟类中的已知物种有 10 000 种，每年新增发现的在以平均 2 ~ 3 种的速度递增。人们对爬行动物也较为熟悉，已发现的相关物种数量有 9 000 多种，还有约 1 000

种有待发现。目前已知的鱼类物种有 32 000 种，约 10 000 种尚未被发现。两栖动物，如青蛙、火蜥蜴、蚓螈在破坏性力量面前最不堪一击，也是与其他陆地脊椎动物相比，最不为人所了解的一类。已知的两栖动物物种有 6 600 多种，尚有 15 000 种未被发现。已知的开花植物物种有 27 万种，还有 80 000 种有待人们发现。

对于脊椎动物之外的生物世界而言，情况就大为不同了。专家在对非脊椎动物（例如昆虫、甲壳类动物和蚯蚓）进行统计时，再加上藻类、真菌、苔藓类和其他低等植物、裸子植物、开花植物、细菌和其他微生物，这些生物的已知物种总数和预测总数存在巨大差距，从 500 万到 1 亿不等。

2011 年，戴豪斯大学（Dalhousie University）的鲍里斯·沃姆（Boris Worm）和同事开发出一种对已知和未知物种数量进行估算的新方法：按分类学名目展开逐级推算，进行至“种”结束。首先，标明动物王国中所有“门”（phyla，如软体动物门和棘皮动物门）的数量，然后标明所有这些门下的“纲”（class）的数量，接着再按顺序往下排，依次是“目”（order）、“科”（family）、“属”（genus），最后是“种”（species）。从门到属的数量相对稳定，随着时间的推移，每个分类的数量都在以平滑趋缓的曲线不断上升。若将曲线的形状推延至“种”，则能推算出地球上存在的动物界物种数量在 777 万这个合理的数值上。真核生物中物种的总数，包括植物、动物、藻类、真菌和许多真核微生物（带有线粒体和细胞器的生物）在内，大约在 870 万左右，上下有 100 万的浮动范围。

但是，这种推算方法很可能造成对实际情况的低估。许多物种之所以尚未被人们所发现，其原因是为野外生物学家所深刻理解的。他们知道，最难寻找的物种总是存在于稀有的、与世隔绝的小型栖息地之中。因此，物种总数会比公开数据大得多。

关于生物多样性普查的结果，无论科学家在何时达成一致意见，物种总数都会比目前已发现并授予拉丁双名的 200 万要多得多。很有可能，在地球生物多样性的物种层级上，研究人员目前仅发现了总量的 20%，甚至更少。以生物多样性为研究课题的科学家都在你争我赶地寻找尽可能多的现存物种，从哺乳动物、鸟类到缓步动物、被囊动物、地衣、石蜈蚣、蚂蚁和线虫等。他们想要寻找的是那些在消失之前被人们忽略、从未被人们认识和了解的物种。

关于发现并保护地球上所有生命的科学使命，许多人并不了解其存在和意义。人们对媒体上那些微不足道的标题早已习以为常，比如“墨西哥新发现三种蛙类”“喜马拉雅地区某鸟类其实是两个物种”之类的。在这样的引导下，读者会误以为人类对生命世界的探索已接近完结，新物种的发现才因此成了值得注意的新闻。我职业生涯的很大一部分是在哈佛大学的比较动物学博物馆担任昆虫馆馆长。从我的专业角度来看，这种认识存在很大的误区。事实上，新物种正随时大量涌入世界各地的博物馆和实验室。涉及大部分有机体纲目的新物种样本堆积如山，它们必须要等上几年甚至几十年的时间，才有机会在研究人员面前一展真容。对这些新物种进行研究而可能获得的生物学价值和意义，只能无限期拖延下去。

如果对物种的基本描述和分析速度还会按照现在的状态继续下去，那么就像我和其他一些学者经常指出的那样，我们将无法在短期内完成生物多样性的全球普查。大概要到 23 世纪，人们才能完成对余下未知世界的探索。而且，如果针对地球动植物种群的保护工作不能从更加专业的视角出发，进行统一规划并实施，那么用不了多久，到 21 世纪末，生物多样性的物种数量就会大规模减少。一边是对全球生物多样性的科学研究，另一边是无数至今依然未知的物种的不断灭绝，相较之下，人类明显处于不利地位。

分类学工作量过载已成不争的事实，我个人的亲身经历就可以证明。生物多样性研究工作总是离不开在生态学和进化领域的探索，而分类是其中必不可少的前期工作。我从事的蚂蚁研究同样包括分类工作。多年以来，我对大约 450 种新型蚂蚁物种进行了描述，其中 354 种归为大头蚁属。值得注意的是，“属”由一群彼此相似的“种”组成，所有这些物种都是从同一个祖先物种进化而来的。举例来说，人类就被划归为“人属”，人类的祖先物种包括智人（Homo sapiens）和年代更为久远的其他直接祖先物种，首先是能人（Homo habilis），随后是直立人（Homo erectus）。

大头蚁属，其希腊文名称的意思是“节俭的个体”，是所有现存 14 000 种蚂蚁物种之中规模最大、形态最为丰富的属。我发现并命名的一个蚂蚁物种叫做“梯形大头蚁”（Pheidole scalaris），其中 scalaris 是“阶梯”的意思，指的是兵蚁头部很有特色的梯状刻纹。另一个是“矛头大头蚁”（Pheidole hasticeps），指的是兵蚁头部的矛头形状。第三个是“自杀大头蚁”（Tachygaliae），因其在 Tachygalia[①] 树上筑巢而得名。阿罗亚大头蚁（Pheidole Aloyai）以阿罗亚博士的名字（Dr. D.P.Aloya）命名。阿罗亚博士是古巴的昆虫学家，他在野外收集到了这种蚂蚁的第一个样本。

我和其他分类学家前辈也在采用这种方式为数百种大头蚁属的蚂蚁物种命名，以至于后来实在找不到用以描述更多新物种的希腊文和拉丁文词汇了。利用样本收集者的名字进行命

① 南美洲亚马孙雨林内的一种长寿的冠层树种，但在繁殖一次后会在数年内逐渐死亡。——编者注

名，比如宾氏大头蚁，或是利用样本所在地的地名命名，都不失为好办法。最后，我还想到另一个解决命名难题的方法。我请国际自然保护协会总裁彼得·塞利格曼（Peter Seligmann）推荐为全球自然保护事业做出杰出贡献的8位董事会成员。其中一位选中的董事会成员，也是我的朋友，现在拥有了他自己的个人专属蚂蚁物种：哈里森福特大头蚁（Pheidole Harrisonfordi）。还有一种叫做塞利格曼大头蚁（Pheidole Seligmanni）的蚂蚁。

以科学方法进行探索的博物学家，无论是业余人士还是专业人士，都会和他们研究的物种产生亲近感和熟悉感，仿佛那些物种是另一群人。我在亚拉巴马大学读本科时遇到的一位导师，鳞翅目昆虫学家拉夫·切尔默克（Ralph L. Chermock），曾对学生说过，真正的博物学家能叫出1万种有机体的名称。我的水平与此相去甚远，切尔默克本人也不见得能做到。也许记忆专家能通过图画和博物馆样本来完成这项壮举，但并不能对这些知识产生任何感觉或实质性的理解。事实上，切尔默克和我一定能比普通人做得更好。对于自己逐个深入研究过的数百个物种来说，我们不仅知道它们的名字，还知道它们所属的更高类别，如门、纲、目、科、属等。

我们还了解人类特别感兴趣的许多“属”，并能依据这些知识进一步指认出数千个物种所属的更高类别。最优秀、最专注的记忆术专家也无法做到像我们一样，为样本的生物学架构补充信息，留下记录。虽然其中难免会有疏漏，但我们总能说出点东西来，比如“那是一只无肺螈属（Demognathus）的火蜥蜴，或是与之相近的动物。我见过其中的好几种。它们十分常见，喜欢在陆地上活动，尤其偏好潮湿的栖息地。美国东南部就生活着几种”；或是“那是一只避日蛛，有人叫它太阳蛛，有人叫它骆驼蛛。它们看起来有点像蜘蛛，但在很多方面与蜘蛛有着天壤之别。它们的行动速度很快，所有的捕猎动物都是这样。我们能在美国西南部和非洲各地的沙漠中找到它的身影，我见过其中的几种”；又或是“这可不是平常能轻易见到的动物。这是一只陆生涡虫，又称扁虫。这是我亲眼见到的第二只。这种虫子大多数都生活在河流或海洋中，但这只是陆生的。我认为这种虫子在世界各地都存在，很可能是无意间借助货运船只漂洋过海的”。

生存在巨大生物圈中的无数物种紧紧包围着我们这颗星球，而许多人却意识不到这一点，尤其对在自然界占据重要位置的无脊椎动物知之甚少。普通人能想到的词汇无非是蟑螂、蚊子、蚂蚁、黄蜂、白蚁、蝴蝶、飞蛾、臭虫、跳蚤、螃蟹、大虾、龙虾、蚯蚓，可能还有其他几种曾对他们的个人生活产生影响的无脊椎动物的名称。为生物界和人类自身生存提供支持的数百万个物种被人们简化为“小虫子”这样的称呼。在这无人关注的暗夜中，我们承受着教育和媒体关注度缺失的巨大失败。

人们各自忙于自己的生活，不了解拉丁语或希腊语、不知道物种由两个词汇组成的正式名称是完全可以理解的。但是，**如果人们能对生物多样性的神奇与伟大之处有所了解，将会令他们的人生更加温暖、更加丰富，哪怕只是了解自家周围存在的一小部分。**专注于研究事业的博物学家会告诉你在迁徙季节看到 20 种鸣禽，10 多种鹰是种怎样令人兴奋的体验。当然，他们也可能会喋喋不休地告诉你当地的每一种哺乳动物。

你可以随口说出一种你所知道的蝴蝶的名称吗？我小时候特别喜欢收集蝴蝶标本，其中最令我兴奋的是收集到的第一只紫灰蝶。这种蝴蝶就像会飞的宝石一样美丽，很难找到。当时我并不知道这种蝴蝶的幼虫以槲寄生的叶子为食，而槲寄生是长在树冠高处的一种寄生灌木。后来我才了解到，灰蝶这个大家族就相当于蝴蝶界的鸣禽。它们颜色亮丽，活动区域十分广泛。我还对它们的栖息地，它们所依存的植物以及它们的数量多少等有所了解。这里是一些在北美东海岸发现的 22 个灰蝶物种的常用名称：阿卡迪亚蝶、紫晶蝶、条纹蝶、巴特拉姆灌木蝶、珊瑚蝶、早生蝶、爱德华兹蝶、黄褐蝶、棉灰蝶、紫灰蝶、海瑟尔蝶、山胡桃蝶、刺柏蝶、大王蝶、锦葵丛蝶、橡树蝶、红带蝶、淡红蝶、银带蝶、细条纹蝶、白蝶。以上每一个物种也有各自在科研领域通用的官方拉丁双名。

每一个物种本身都是一个奇迹，是值得我们拜读的漫长而精彩的史话，是经过数千万年的挣扎最终出现在我们这个时代的赢家，是最优中的最优者，是其所生存的自然栖息地中身怀绝技的专家。就像我们人类一样，它们掌握着在所处生态系统中生存的独门绝技。

HALF-EARTH

Our Planet's Fight for Life

04

犀牛的挽歌

印度大犀牛。

艾尔弗雷德·埃蒙德·布雷姆，1883—1884。

04
犀牛的挽歌

世界上现存的犀牛有 27 000 只。而一个世纪以前，在非洲平原及亚洲雨林中生活着数百万只犀牛。犀牛共有 5 个种类，目前全都处于濒危状态。大部分幸存的犀牛都是生活在南半球的白犀牛。在那里，它们受到了武装部队严密的安全保护。

2014 年 10 月 17 日，在最后一批幸存的北方白犀牛之中，一只名叫苏尼的犀牛在肯尼亚的奥 · 佩杰塔保护区（Ol Pejeta Conservancy）去世。它的离开使得世界上现存北方白犀牛的数量减少到 6 只：奥 · 佩杰塔保护区有 3 只，捷克共和国的德武尔柯诺拉（Dvůr Králové）动物园有 1 只，还有 2 只在圣地亚哥野生动物园。这些犀牛年纪都不小了，也没有孕育后代，散落在世界各地。通常情况下，犀牛在人工环境中很难进行繁殖。这样看来，北方白犀牛实际上与灭绝无异。按犀牛的寿命算来，最后一只将会在 2040 年之前死去。

与此同时，西方黑犀牛已经完全灭绝，各地均没有发现活体，就连人工饲养的都没有。这种体型彪悍、长着弯曲大角的动物曾经一度是非洲野生动物的标志。从喀麦隆到乍得，犀牛遍布浩瀚的非洲草原和干旱的热带丛林，覆盖了南至中非共和国，东北达苏丹的广袤区域。犀牛数量减少是从殖民地时代的狩猎活动开始的。后来，偷猎者开始收集犀牛角，用来制作装饰性匕首的手柄。他们主要在也门一带活动，也包括非洲中东部和北部地区。

犀牛灭绝的致命一击是中药对犀牛角的巨大需求。中国传统医学将犀牛角粉末视为具有药用价值的珍贵药材。相较于西医，中国人对传统医学尤为偏爱，而这种倾向也进一步促使犀牛角消费量增加。如今，犀牛角依然被广泛应用在各种疾病的治疗之中，从性功能障碍到恶性肿瘤等。每克犀牛角的价格已经上涨到与黄金相当。而结果则带有辛辣的讽刺意味：虽然事实上犀牛角的药用价值一点不比人类的指甲高，但还是被猎杀到了灭绝的边缘。

犀牛角市场的兴旺招来了各式各样的偷猎者和犯罪集团。他们不惜一切代价追捕着“最后一只犀牛”，为了获得一块双手就能拿走的无生命的物体而大开杀戒。这样的行为给全部 5 个犀牛物种都带来了沉重的打击。1960—1995 年，西方黑犀牛的数量减少了 98%。喀麦隆这块犀牛的最后堡垒，在 1991 年也仅剩 50 只，1992 年更是下降到 35 只。偷猎者的扫荡势头依然不减，面对这样的现实，喀麦隆政府束手无策。1997 年，西方黑犀牛的数量仅剩 10 只。白犀牛通常会成群活动，一群白犀牛的数量可多达 14 只，而黑犀牛除了交配季节之外均处于独居状态。在西方黑犀牛最后的那段时间里，幸存的几只四散在喀麦隆北部的广袤地域中。只有其中的 4 只彼此之间比较亲近，可以见面和交配。但它们并没有真正结合，很快便全部死亡。数百万年的进化成果便这样宣告终结。

当下，世界上最珍稀的大型陆生哺乳动物是爪哇犀牛。爪哇犀牛生活在雨林深处，曾经遍及泰国、中国南部、印度尼西亚和孟加拉国等地。不久前，人们发现还有 10 只爪哇犀牛藏在越南北部一片无人保护的森林之中。现在，那片森林已经成为吉仙国家公园（Cat Tien National Park）。这 10 只犀牛存世的消息一经公布，便引来了偷猎者的觊觎。很快，生活在这里的犀牛便全部死在了偷猎者的枪弹之下，最后一只于 2010 年 4 月被射杀。

如今，最后一批现存犀牛被保护在爪哇岛最西部的乌戎库隆国家公园（Ujung Kulon National Park），总计不到50只。据一位专家的介绍，目前的确切数字是35只。一场海啸或是一群爱财如命的偷猎者，都能轻而易举地将它们全部拿下。

与爪哇犀牛的珍稀程度和濒危程度相当的还有苏门答腊犀牛，这种犀牛也生活在亚洲热带雨林深处。曾经，苏门答腊犀牛和爪哇犀牛一样，遍布东南亚地区。如今，其绝大部分栖息地已被农田占据，种群也被贪得无厌的偷猎者杀得七零八落，该物种的全部“幸存者”仅剩动物园和苏门答腊日趋衰败的丛林之中的几只被捕获后由人工饲养的犀牛，可能还有几只藏在婆罗洲人迹罕至的角落。

1990—2015年，苏门答腊犀牛在全世界的存活总数骤降到300只，后又降至仅剩100只。辛辛那提动植物园的兽医泰瑞·罗斯（Terry Roth）和她的团队怀着英雄主义精神探索出了新的办法，将现代人类生理繁殖技术应用在了犀牛的繁殖上。他们取得了成功：截至目前，他们已利用该技术繁殖出了三代犀牛，并在非常谨慎的情况下，将几只人工繁殖出来的犀牛送回到苏门答腊的保护区。整个过程漫长、艰难，花费巨大，而且谁也不知道能否成功。不眠不休的偷猎者永远存在，每个人都宁愿豁出性命去换回一根犀牛角，因为这根犀牛角能为他带来一生享用不尽的财富。

犀牛保护行动和印度尼西亚国家公园安保工作一旦出现纰漏，苏门答腊犀牛就会从此消失，这也意味着经过成百上千万年进化而来的这种非比寻常的大型动物就此宣告终结。与犀牛亲缘关系最近的动物是曾经生活在北极地区、长着一身长毛的独角犀。它们在最近一次冰期时就灭绝了，很有可能是捕猎者将它们赶尽杀绝的。这些捕猎者（至少是欧洲的捕猎者）为了消遣，在洞穴墙壁上刻出了独角犀的壁画。壁画留了下来又成了我们当代人的消遣。

1991 年 9 月末，我在造访辛辛那提动植物园时受到园长埃德·马鲁斯卡（Ed Maruska）的邀请，有幸见到了一对苏门答腊犀牛。这对犀牛是刚刚从苏门答腊捕获来的，自苏门答腊辗转洛杉矶动物园，最后在辛辛那提落脚。其中一只犀牛叫艾米，是雌性。另一只叫伊普，是雄性。两只犀牛都年轻力壮，身体健康。可惜未来并不乐观，苏门答腊犀牛的寿命与家养犬类差不多。

太阳刚刚下山时，我们走进了动物园附近的一处闲置仓库。只听见吵闹的摇滚乐响彻云霄，让人觉得很不应景。马鲁斯卡解释说，之所以搞出这样的噪声，是为了保护犀牛。附近的辛辛那提机场不时会有飞机起飞降落，而且不知什么时候就会突然有警车、消防车在附近的街道鸣着警铃呼啸而过。那种静夜中突如其来的噪声会让犀牛受惊，可能会让它们陷入恐慌，横冲直撞，伤到自己。一刻不停喧嚣着的摇滚乐总比那些突然出现的声音要好，不会让它们想到大树突然倒下、老虎步步紧逼等自然环境中的真正危险，也不会让它们想到成群结队的捕猎者。6 万多年以来，苏门答腊犀牛一直是亚洲原始捕猎者和现代捕猎者的攻击目标。

当晚，艾米和伊普像雕塑一样静静地站在巨大的笼子里。它们可能是在睡觉吧，不过我看不出来。来到它们身边，我问马鲁斯卡，是否能伸手摸一摸它们。马鲁斯卡点头，于是我便伸出手去用指尖轻轻地触碰了它们两个。**当时，我的内心似乎猛然间涌动出了灵性般的顿悟之感，久久不能散去。直至今日，我都无法用语言来解释当时的神圣感受，连我自己都理解不了。**

HALF-EARTH

Our Planet's Fight for Life

05

现代启示录

绿海龟与人类。

艾尔弗雷德·埃蒙德·布雷姆，1883—1884。

我们见到过完全找不到两栖动物踪影的热带丛林，事实上，这些地方曾经遍地都是两栖动物。我们亲眼见证过大规模的死亡事件。我们尝试去拯救疫区里受到威胁的物种，将它们空运到未受感染的地区，在人工环境下进行饲养，通过野外调查和实验室研究来寻找答案，但并没有奏效。对于野生种群来说，解药并不存在。全球各地两栖动物的消失过程都还在继续。我们没有发现哪个地方有种群恢复的迹象。更可怕的是，真菌依然存在于环境之中，令我们无法将人工饲养的动物放归大自然。

野外生物学家卡伦·利普斯（Karen R. Lips）和约瑟夫·门德尔松二世（Joseph R. Mendelson Ⅱ）对蛙类遭受致命蛙壶菌（Batrachochytrium dendrobatidis）威胁的状况进行了描述。这种蛙壶菌的正式科学名称，一看便令人有些生畏。该物种普遍存在于世界各地用于运输蛙类的淡水水族箱中。就是通过这样的途径，几只青蛙不知不觉染上了疾病。而祸不单行，患病的蛙类中还包括非洲爪蟾（Xenopus）这种常被用在生物和医药研究中的蛙类。而蛙壶菌以成年蛙类的全身皮肤为食，成年蛙类是通过皮肤进行呼吸的，感染这种病菌之后，便会死于窒息和心脏衰竭。

这样的现状令生物学家扼腕。无独有偶，最近又有一种新型壶菌出现在了人们的视野中。蛙壶菌专门感染蛙类，而与其有亲缘关系的蝾螈壶菌（Batrachochytrium salamandrivorans）则专门攻击蝾螈这种仅次于蛙类的两栖动物群体（蝾螈壶菌拉丁双名中第二个词的意思是“以蝾螈为食者”）。蝾螈壶菌随着宠物交易从亚洲搭便车传播到了欧洲。一旦感染，便会造成98%的死亡率。目前，蝾螈壶菌对美洲地区温带和热带丰富的蝾螈资源有着巨大的威胁。

蛙类和蝾螈等两栖动物中爆发的壶菌疫情，相当于14世纪席卷欧洲的人类黑死病。在这两场大灾难中，疫情的泛滥成为达尔文式的悲剧。掠食者闯入新天地，找到丰富的食物资源，其种群数量暴增，消灭掉过多的猎物后自作自受，走向不可避免的衰亡之路。两栖动物遭遇的灾难，特别是蛙类的灾难，应由人类承担重大责任。我们本应可以预见并想办法制止这场残酷的瘟疫。

蛙类和蝾螈是重要的捕猎者，有助于维持森林、河流和淡水湿地生态圈的平衡和稳定。它们是脊椎动物中与人类最相安无事的邻里和伙伴，和鸟儿无异，只不过生活在泥地、灌木丛和森林落叶之中，有着美丽的外表、惊艳的色彩和羞怯的姿态。蛙类在交配季节会唱起和声，在美洲热带地区，有时会有多达20 种蛙类共同歌唱，每一种都有着自己独特的歌喉。乍听来，这场交响乐可能有些杂乱，但当你闭上眼睛仔细分辨，就能通过不同的音调区别出其中的每一种，就好像在真正的交响音乐会上辨别不同的乐器一样。在一年中余下的时光里，蛙类个体则会四散到各处。那时如果要唱歌的话，就会发出一种不同的声音。这种蛙鸣是通过进化之手设计出来的，是为与同类其他成员划定领地界限而专门呈现出来的鸣叫声。

蛙类非常脆弱。每当湿地和森林受到打扰，蛙类总是最先消失的物种。其中许多蛙类物种都只能生活在某一特定的栖息地，如淡水沼泽、瀑布、岩石表面、森林树冠层、高山草甸等。当前，科学家还发现，外来疾病的入侵可以轻而易举地将某种蛙类一次性扫荡一空。但这一发现为时已晚。

入侵物种带来的威胁怎么强调都不为过。有些人天真地认为，随着时间的推移，外来动植物能形成“新型生态系统”，替代掉被人类和那些热爱远足的外来物种所破坏的自然生态系统。所幸，有这种想法的人并不多。有证据显示，某些外来植物在岛屿环境中实现了“自然化”。换句话说，就是这些外来植物在自然选择的作用下从遗传上适应了当地环境。但这种情况只会发生在植被物种多样性较低的区域，因为这些区域能给出相对充裕的空间，供外来物种在此地存留。

向外来物种敞开大门就相当于举起了一把生态学上的左轮手枪。这把灭绝之枪的枪筒中旋转着多少个弹膛？其中有多少个弹膛是装着子弹的？答案取决于远行者的身份和被入侵地区能否提供容纳外来物种的栖息地。欧洲和北美的植物就基本符合入侵生物学中的“1/10 原则”。总体来看，有 1/10 的外来物种会逃到野外，有 1/10 的外来物种会繁衍增殖，四处扩散并造成危害。对于脊椎动物来说，如哺乳动物、鸟类、爬行类、两栖类和鱼类，它们成为危害物种的比例会更高，基本在 1/4 左右。

这样看来，总会有某个外来物种成为与蛙壶菌破坏力不相上下的超级入侵者。植物之中具有同等破坏力的是野牡丹。野牡丹是原生于南美洲的一种观赏性灌木。在塔希提岛，有 2/3 的森林都被这种外来入侵者占据。野牡丹在这里长得像大树一样高，其所形成的丛林十分密集紧凑，没有给其他一切种类的树木和灌木留以容身之地，动物也跟着遭了殃，仅有为数不多的几种动物能在其中生存。在夏威夷，一支由志愿者组成的队伍在非种植区域不遗余力地寻找并拔除野牡丹植株，才避免了同样的悲剧发生。

外来物种入驻新型生态系统的成本是高昂的。截至2005年，据估计，仅美国一个国家因入侵物种造成的经济损失，就已上升到每年 1 370 亿美元，还不算这些入侵物种对当地淡水物种和生态系统构成的威胁和破坏。

太平洋岛屿上的陆鸟是另一股毁灭力量之下的受害者。若从物种灭绝的数量来看，这些陆鸟是所有脊椎动物中受打击最严重的一类。3 500 年前，随着人类的足迹来到萨摩亚、汤加、瓦努阿图、新喀里多尼亚、斐济和马里亚纳群岛等西部群岛，灭绝大潮就已掀起，一直持续到距今 900 ~ 700 年之前，其间伴随着人类遍及夏威夷、新西兰和复活节岛等最为偏远岛屿的殖民活动。少数幸存下来的物种如今也徘徊在灭绝边缘。而太平洋岛上的非雀形目鸟类接近 1 000 种，其中有 2/3 已消失殆尽。从这个角度来看，**相对很少量的人类发动的一次殖民活动，就毁灭了地球上全部鸟类物种的 10%。**

夏威夷是全世界公认的灭绝之都。先是波利尼西亚人航海至此，后来又有来自欧洲和亚洲的殖民者。在这些人的影响下，绝大部分当地鸟类物种都已灭绝。其中有当地的一种鹰，一种不会飞的朱鹮，一种生活在陆地上、与火鸡体型相近的鸟类，以及 20 多种管舌雀。管舌雀以花粉为食，许多都有着色彩艳丽的羽毛和用以深入管状花朵深处的弯弯的长喙。另外，有超过 45 种鸟类在公元前 1 000 年波利尼西亚人抵达此处之后便消失了，还有 25 种鸟类是在两个世纪以前欧洲人和亚洲人登陆后消失的。那些灭绝鸟类的美丽羽毛却因装饰在旧时夏威夷皇家御用的斗篷上而保留了下来。

太平洋群岛之所以出现鸟类大规模灭绝有两个原因。首先，这些岛屿面积相对较小，殖民者传宗接代的速度很快，用不了多久岛屿上就人满为患。在某些与世隔绝的小岛上，狩猎行为依然在继续，只不过规模比先前要小。2011 年，在瓦努阿图的埃斯皮里图桑托（Espiritus Santos）岛，我亲眼看到狩猎者携带着能一击致命的弹弓，抓到了一只当地的太平洋皇鸠（Ducula pacifica），准备带到位于卢甘维尔（Luganville）的餐厅去售卖。这种鸟有着红色的喙、白色的身体和黑色的翅膀，非常美丽。

鸟类大规模灭绝的第二个原因是，这些岛屿鸟类在进化过程中从未经历过与人类相似的捕猎者相处，因此并不惧怕这些长着两条腿的殖民者。而蛇类、獴、老虎等捕食者没有能力远渡重洋，无法光顾这些岛屿。许多鸟类物种都不会飞翔，或基本飞不起来，这也是栖息在与世隔绝小岛上的陆鸟的常见特征。就这样，它们用生命证明了“灭绝生物学”中的一个基本法则：

最先遭受打击的总是速度最慢、脑子最笨、味道最好的那一种。

毛里求斯的渡渡鸟是一种体型很大、不会飞，与鸽子有亲缘关系的鸟类。它的经历证明印度洋上的海岛也遵从同样的原则。1598 年，第一位登上毛里求斯岛的荷兰水手发现了一只正在地上溜达的天不怕地不怕的肥硕大鸟，没过一会儿，这只大鸟便成了他的盘中美味。据记载，活体渡渡鸟最后一次出现在人类视野是 1662 年。生活在附近的罗德里格斯岛上，与渡渡鸟有亲缘关系的孤鸫早前也遭受了同样的打击。

还有一种是毛里求斯隼。这种鸟类与渡渡鸟和孤鸫完全不同，是一种小型隼。1974 年，毛里求斯隼濒临灭绝，最后 4 只活体被人们捕获保护在鸟舍中进行繁殖。待后代数量够多，足以被安全放归大自然时，人们将其中几只带回到一个非常小的自然生存区域。在人类贪婪行径的破坏下，毛里求斯隼几乎绝迹，后又在人类难得一见的善举之下存活到了今天。

2011 年，我与几位生物学家在新喀里多尼亚岛的群山中进行蚂蚁研究时，亲眼见到了一种重蹈渡渡鸟命运的鸟类。这种名叫鹭鹤的奇特生物仅在西南太平洋地区主要的法属岛屿上被发现过。曾经，鹭鹤的数量非常之多，还被认定为新喀里多尼亚的吉祥物，但现在，其数量仅剩不到 1 000 只。鹭鹤是典型的岛屿鸟类，在人类、犬类和凶猛的野猫面前毫无招架之力。

鹭鹤的体型和鸡一般大小，毛色白中透蓝，长有直而突出的桔红色喙，淡红色的长腿，还有白色的羽冠。当鹭鹤两两相遇时，它们的羽冠便会升起打开，形成华丽的展示效果。鹭鹤生活在茂密的高地丛林中，主要在地面上活动，以昆虫为食。虽然它们的翅膀有着正常的形态，但只能飞行很短的距离。

鹭鹤是典型的岛屿进化产物，极为温顺。人类接近它时，它只会走开，有时会在树干后面躲起来，静待入侵者离去。我们的团队中有一位名叫克里斯琴·拉伯林（Christian Rabeling）的学生，他知道怎样将鹭鹤吸引过来，还进行演示将一只鹭鹤带到了我们面前。我不知道之前从未到过新喀里多尼亚岛的拉伯林是如何学到这种方法的，但他就那样充满自信地蹲下身，将双手伸进落叶堆中，揉弄出沙沙的响声。没过多久，鹭鹤便走到他旁边去观察那堆树叶。

我们猜想，鹭鹤之所以如此莽撞，是因为它们习惯利用同伴去寻找昆虫和其他无脊椎动物作为食物。过了一会儿，来到我们身边的鹭鹤又若无其事地溜达走了。只要敢于尝试，随便哪个人都能轻而易举地将其抓获。怪不得以前有那么多新喀里多尼亚人和法国殖民者去抓捕鹭鹤呢。

另一类与岛屿完全不同的栖息地也极易导致生活于其中的物种灭绝。这类栖息地包括面积不大的溪流和其他水域。岛屿是被水环绕的陆地，同理，小溪、河流、池塘和湖泊就是被陆地环绕的“水岛”。当前，全部的淡水物种都面临很高的灭绝风险，因为在除了南极之外的每一个大洲上，人类都缺乏洁净的淡水，并因此与生活在其中的动植物种群形成了直接竞争关系。

对淡水物种造成最直接破坏的是大坝的建设。水坝能极大地促进当地经济的发展，却是对水域栖息地造成破坏的罪魁祸首。水坝的建设会对洄游鱼类形成拦截，令上游水域静止并加深，造成污染，而大坝周边密集的农业活动又会令问题进一步恶化。受威胁最严重的鱼类有鲑鱼、鲟鱼等需要长途跋涉回到上游繁殖的鱼类。我个人非常关注的一种鱼类是亚拉巴马鲟鱼。之所以关注，是因为我本人也来自那里。这种鱼非常稀有，每隔几年才会听说有人抓到一条。有时，人们甚至认为这种鲟鱼已经灭绝，但过一段时间便会又发现一条，引发大规模媒体炒作。于是，这一物种又被挂上了“极度濒危”的头衔。

几个世纪以来，生活在长江中的当地小型豚类——白鳍豚，一直被中国那些与水相伴的人们所珍视。截至 2006 年，随着三峡大坝接近竣工，白鳍豚的踪影也彻底消失。类似的例子在其他大洲比比皆是。最著名的当属非洲。2000 年时，坦桑尼亚的乌德赞瓦山脉（Udzumgwa Mountains）建造的一座水电站，截断了流入奇汉西（Kihansi）峡谷 90% 的水量，将金色奇汉西喷雾蟾蜍（Kihansi spray toad）在野外逼到了灭绝的地步。

现在，仅在美国几处经特殊设计的水族馆中还能看到奇汉西喷雾蟾蜍的身影。这种小动物遭遇的灾难是一座警钟，迫使人们去审视遍及世界的、即将到来或正在发生的大规模灭绝事件。

在美国，很少有人能意识到水坝会对野生动物造成破坏性影响。现代史上最惨痛的一次打击，是因在亚拉巴马莫比尔河（Mobile River）和田纳西河（Tennessee River）流域建造水库造成的淡水软体动物灭绝。近几十年间，莫比尔河流域有 19 种贻贝（像蛤蜊一样的双壳动物）和 37 种水生蜗牛相继消失。田纳西河流域的损失与此不相上下。

为了让读者能更加真切地感受到软体动物灭绝这一现实，我在此将已灭绝的全部 19 种淡水贻贝物种名称列出来：库萨贝（Coosa elktoe）、糖匙贝（sugar spoon）、有角浅滩贝（angled riffleshell）、俄亥俄浅滩贝（Ohio riffleshell）、田纳西贝（Tennessee riffelshell）、叶壳贝（leafshell）、黄花贝（yellow blossom）、细猫爪贝（narrow catspaw）、叉壳贝（forkshell）、南方橡壳贝（southern acornshell）、粗糙扇贝（rough combshell）、坎伯兰叶贝（Cumberland leafshell）、阿巴拉契克拉乌贝（Apa lachicola ebonyshell）、线条口袋书贝（Lined pocketbook）、海德顿灯贝（Haddleton lampm-ussel）、黑棒贝（black clubshell）、库莎猪趾贝（Kusha pigtoe）、库萨猪趾贝（Coosa pigtoe）、马镫贝（stirrup shell)。愿它们安息!

这些千奇百怪的名称令人不禁想到那些消失了的无脊椎动物,它们是多么地不为人所知。相比之下,同一地区灭绝了的鸟类物种更为人们所熟悉:象牙喙啄木鸟、卡罗莱纳长尾鹦鹉、旅鸽、巴赫曼莺。

如果读者认为上面这些灭绝动物的名单无关紧要(“多出一种淡水贻贝又能怎样”),那就让我来讲一讲这些动物对人类而言的实际价值。贻贝与生活在海湾和三角洲里的牡蛎一样,都能对水流进行过滤和清洁。它们是水生生态系统中的关键一环。如果读者还要坚持看到能即刻变现的实体价值,那么这些贝类至少曾经是人们的食物来源,也是孕育珍珠的母体。

说到这里,如果贻贝和其他无脊椎动物依然让你们觉得和自身的相关度不高,那么就让我来讲讲鱼类吧。据美国渔业协会的诺埃尔·博尔克海德(Noel M. Burkhead)称,1898—2006 年,北美有 57 种淡水鱼类灭绝。导致灭绝的原因包括在河流上建造水坝、池塘和湖泊的排水、水源堵塞及各种污染,所有这些都是人类活动造成的。据保守估计,现在物种灭绝的速度是前人类时期的 877 倍。为了唤起关于这些灭绝鱼类的记忆,我在此列出它们的部分常用名:马拉维拉斯红光鱼(Maravillas red shiner)、高原查布鱼(plateau chub)、厚尾查布鱼（thick tail chub）、幻影光鱼（phantom shiner）、清湖裂尾鲦（Clear Lake splittail）、深水白鲑（deepwater cisco）、蛇河吸盘鱼（Snake River sucker）、小银汉鱼（least silverside）、默氏裸腹鳉（Ash Meadows poolfish）、白线米诺鱼（whiteline topminnow）、波托西鳉鱼（Potosi pupfish）、拉帕尔马鳉鱼（La Palma pupfish）、墨西哥锯花鳉（graceful priapelto）、犹他湖杜父鱼（Utah Lake sculpin）、马里兰镖鲈（Maryland darter）。

最后还要提及一点，那就是生物灭绝现象所蕴含的深层意义和长期影响。当这些物种在人类手中消失，就相当于我们将一部分地球历史抛弃掉了，我们亲手抹去了生命族谱中的分支。**每一个物种都是独一无二的，一旦消失，我们便再也无法得知那些永远离我们而去的重要科学知识。**

“灭绝生物学”并不是一个令人愉悦的话题。对于以研究濒危物种和新近灭绝物种为毕生事业的科学家来说，某一物种的死亡尤其令人心痛欲绝。地球生物多样性中的残存部分正在考验着人类道德的胸怀和高度。因人类活动而数量骤减的物种现在需要我们持之以恒的关注和照料。无论是否有宗教信仰，我们都要谨记基督教《创世记》中上帝的箴言：水要多多滋生有生命之物，要有雀鸟飞在地面以上、天空之中。

HALF-EARTH

Our Planet's Fight for Life

06

我们形同上帝吗

一只求偶中的澳洲鹭鸨。
《伦敦动物学学会志》，1868。

06
我们形同上帝吗

有人认为，人类应该将我们一手造成的生态混乱，视为通往光辉未来之路上的附属代价。未来学家斯图亚特·布兰德（Stewart Brand）写道：“我们形同上帝，而且必须要扮演好上帝的角色。”地球是我们的家园，这种将人类视为上帝的愿景，沿着牵强的逻辑，将我们的终极目标定在对地球的全盘掌控上。虽然偶有经济危机、气候变化、宗教战争发生，但我们总是在多个方面都越做越好。我们以越来越快的速度飞遍全球，上可揽星，下可探海，视野深入宇宙。

我们用集体的力量以指数级的速度学习着所有“大上帝”允许我们这些“小上帝”学习的知识，并将所有这些知识呈现在所有人面前，仅需敲击几下电脑便一目了然。我们是一种全新存在的先锋。神奇的灵长类动物智人，凭借直立行走的双腿和解放了的双手，以及硕大的头颅里灵活的大脑，正在全速前进！

在富有科学精神的知识分子和好莱坞编剧的梦想之中，人类的终极能力是无极限的。天体物理学家设想着以光速 1/10 的速度在银河系 2 000 亿颗繁星之间旅行。如果人们愿意，可以在短短几万年时间里就横穿银河系。未来甚至还有足够的时间供人类这样的物种去占领整个星际，计划十分简洁，具体如下：用几个世纪的时间将距离我们最近的拥有可居住星球的星系据为殖民地，再用几个世纪或上千年的时间在那些星系建立文明，然后再以那里为根据地，向其他星系同时发射多艘宇宙飞船。将这一过程不断重复，人类就可以占据银河系中的所有可居住星球。这段时间听起来可能长得令人无法想象，却比人类进化的起点到目前的时间还要短，从地球寿命的长度来看，不过如转瞬般短暂。

同时，想象中，我们还能获得宇航员尼古拉斯·卡拉雪夫（Nicholas Karashev）所称的“一阶段文明”身份，即一个控制着地球上所有可用能源的社会。由此，我们可以继续努力实现“二阶段文明”，去控制太阳系中的所有可用能源，甚至到达“三阶段文明”，控制银河系中的所有能量。

现在，请允许我冒昧地问一句，我们到底认为自己要去哪里？我相信，地球上大部分人都会同意下面这个目标：**所有人都身体健康、长命百岁，拥有充裕的可持续利用的资源，实现个人自由，在虚拟世界和真实世界大胆冒险，有社会地位，保有尊严，成为一个或几个令人尊敬的群体的成员，追随智慧的统治者，遵守严明的法律，以及不必受生育制约享受频繁性爱。**

但是，这里有个问题。这些也是你家的宠物狗心里的目标。

我们先来讨论一下人类自身。从人类的情绪满意度来看，我们的确飞升到了伟大的高度，就差没变成神灵了。我们每个人、我们的群体、我们的物种都代表着地球成就的巅峰。无可否认，我们确实是这样认为的。而有能力以人类的水平进行自我反省的其他物种成员也会有同样的想法。如果它们能够思考，那么每一只果蝇都会渴望变得伟大。人类的大脑是如此发达，当我们将自身与其他生命形式进行比较时，是真的认为自己就像半神一样，处于下等的动物和上等的天使之间的某个位置，而且还在不断向上攀升。我们很容易认为，人类物种之中的杰出人物仿佛处于自动巡航状态，将会引领我们通往未知的远方，那里有着完美的秩序和无尽的个人幸福感。即使我们这代人因为无知而不为此付诸努力，那么我们的后代也会将这个远方视为人类的终极使命，总有一天，他们会想尽各种办法到达那里。

于是，我们满怀希望、跌跌撞撞地在一片混乱中继续前进，笃定地认为地平线上的那道光芒来自黎明而非夜幕。然而，因缺乏自我了解而产生的对未来的无知是一种非常危险的心态。法国作家让·布勒（Jean Bruller）在第二次世界大战爆发前夕，曾写下过一句至理名言：**“人类出现的所有问题，原因都在于我们不知道自己是谁，而且在我们会变成什么样的议题上无法达成一致。”**

我们依然太过贪婪、目光短浅，我们分裂成彼此敌对的组织，依靠这些组织去制定长远决策。很多时候，我们的行为就像为一棵果树争吵不休的猿猴一样。后果之一，就是我们正在改变大气和气候，使之偏离最适合我们身体和思想的状态，也令我们的后代面临更加艰难的处境。

与此同时，我们还在伤害着很多其他生命。这样做着实没有必要。想象一下吧，数亿年累积下来的如此繁盛的生物多样性，就这样在我们手上凋零，仿佛自然界的物种就是杂草，就是厨房里的害虫。难道人类就没有一点廉耻之心吗？

为了在地球被我们毁于一旦之前让一切归于平静，至少我们要学会思考，想一想人类物种究竟从何而来，如今又处在怎样的位置。许多证据显示，人脑中确实会形成超越自我和群体的高尚目标。从本质上讲，这些目标的起源是生物性的。所有科学和人文追求背后的主要驱动力就是去理解生命的意义，去理解我们的知识边界，以及我们获取知识的方法和原因。了解人类进化的基本元素，利用智慧根据元素之间的联结方式采取行动有着非凡的意义。一言以蔽之，生物界孕育了人类的思想，进化出的人类思想孕育了文明，文明会让人类找到方法拯救生物界。

对那些坚持宗教信仰的人士来说（谁又能拿出确凿证据，证明他们是错的呢），我们希望未来不会出现神在《圣经·约书亚记》中所描述的嗜血斗士——耶和华（Yahwey）。他协助亚摩利人展开大屠杀行动，让星体停止运转，从而确保了以色列的胜利。为了他的子民，神命令道：

> 太阳啊，你要停在基甸；
>
> 月亮啊，你要停在亚雅仑河谷。

我们还希望，一切能像使徒保罗给哥林多人写的第一封信中所讲，向内心探求荣耀的主所赐予的智慧，并因此寻找：

> 神为爱他的人准备的，是眼睛未曾见过，
>
> 耳朵未曾听过，人心也未曾想到的。

有思想的人总会忽略自我认识中一条坚不可摧的链条。我

们的自知之明中缺乏的一条是，人类并非如神一般。**如果人类继续假扮神明，肆意破坏地球上的生存环境，并为我们所造成的一切感到沾沾自喜，那么，我们的未来将不再安全，我们的子孙后代也将举步维艰。**

HALF-EARTH

Our Planet's Fight for Life

07

灭绝缘何加速

澳洲袋狼，1936 年灭绝。
《伦敦动物学学会志》，1848—1860。

除了那些偶尔攻击我们的身体和食物的害虫之外，很少有人会看到那些消失的物种。非洲冈比亚按蚊专吸人血，十分擅长潜藏在人类住宅之中，是疟原虫的主要携带者。如果这种蚊子从此消失，生物界将不会流露出丝毫的惆怅情绪。

非洲麦地那龙线虫在我看来是最可憎最可恶的人类病原体。麦地那龙线虫能长到一米长，它会在人体内游移，在脚部或腿上的溃疡处产出幼虫。如果它从此完全消失，我相信，就连最敬业的生物保护专家也不会有半点伤心。原虫寄生虫会让人患上利什曼原虫病，导致身体损伤甚至死亡，我相信，如果这一物种灭绝，人们完全可以接受。除了目前还不为人所知的细菌、微小真菌和病毒病原体，那些值得灭掉或在液氮中储存可保证其无害的物种数量，我猜想可能不到 1 000 种。我在热带丛林中感染过数次节肢介体病毒（经由节肢动物传染），每次都高烧不退、卧床不起，如果能跟这些病毒道别，真是再让人开心不过的事了。

而其他数百万种生物，对人类而言都存在着直接或间接的好处。不幸的是，人类正在用无数种方法加速着它们的灭绝，终结着它们能为人类现在或未来提供的益处。人类造成的恶劣影响，很大程度上源于我们从个人角度出发实施的各种过度活动。正是这些行为令我们成为生命史上最具破坏力的物种。

我们究竟在以多快的速度将物种推向灭绝的深渊？多年以来，古生物学家和生物多样性专家都认为，20 万年前，即在人类到来之前，新物种出现的速度和已有物种灭绝的速度大概是每年每 100 万物种中有 1 个物种。由此，学界曾认为，目前的物种总体灭绝速度比最初的速度快 100 倍到 1 000 倍，而这一切都是人类活动造成的。

2015 年，一支国际研究团队完成了关于前人类时期物种灭绝速度的详细研究，给出的属分化速率比上述数值低 10 倍。将该数据转换成物种灭绝速度则显示，目前的物种灭绝速度接近于人类在地球上扩张之前物种灭绝速度的近 1 000 倍。另有一项独立研究发现了前人类以及与其有紧密亲缘关系的大猩猩之中，物种形成速度的下降趋势。两项研究的结论保持一致。

人类活动的每一次扩张都会导致越来越多物种的种群规模缩减，令这些物种越来越脆弱，加快其灭绝速度。2008 年，一个植物学家团队给出的数学模型预测，巴西亚马孙雨林中个体数量少于 10 000 的稀有树木品种会因为当前的道路修建、伐木、采矿和农田扩张，遭受高达 37% ~ 50% 的过早灭绝。37% 这个下限适用于经过部分开发，但得到精心管理和保护的地区。

在世界不同地方的不同动植物之间进行物种起源和灭绝速度的对比难度很大。但所有证据都指向同样的两个结论。**第一，第六次大灭绝正在进行中；第二，人类活动是主要驱动力。**

这样残酷的认识不禁令人想到第二个非常重要的问题：物种保护工作究竟有没有发挥作用？全球生物保护运动所付出的努力，在对地球生物多样性破坏的减缓和遏制方面取得了什么样的成绩？作为保护国际基金会（Conservation International）、美国大自然保护协会（Nature Conservancy）和美国世界野生动物基金会（World Wildlife Fund-U.S.）的委员会成员，作为多家本地自然保护组织的顾问，我可以证实，半个世纪以来，私人和公共基金怀着满腔热忱和灵感，在生物保护工作上和野外考察活动中，经年累月泼洒着无私的汗水和热血。那么，如此这般的英雄主义行动究竟取得了怎样的成绩?

2010 年，由近 200 名陆地脊椎动物专家展开的一项调查，对全部已知的 25 780 个物种现状进行了分析。研究确认，其中 1/5 面临灭绝的威胁，而这其中又有 1/5 的种群数量因人类有效的保护趋于稳定。2006 年的一项独立研究得出结论认为，经过一个世纪的保护工作，鸟类物种的灭绝现象已经削减了约 50%。正是因为人类的保护，才确保了全世界 31 个鸟类物种依然存在。**简而言之，若从在陆地脊椎动物保护工作上取得的平均成绩来看，全球生物保护工作已经将物种灭绝速度下调了约 20%。**

我们再来看看政府法规所产生的影响，尤其是 1973 年颁布的《美国濒危物种保护法》。2005 年的一项研究发现，之前被列为“面临威胁”的 1 370 种美国动植物，有 40% 出现了数量下降，1/4 实现了新的增长，其中 14 个物种提升幅度较大，已经被移出濒危名单。最重要的统计数字是虽然有 22 个物种灭绝，但有 227 个物种得到了救助。如果没有人类的帮助，这些物种同样会消失。从濒危状态恢复到健康状态的物种中，比较为人所熟知的有黄肩黑鹂、绿海龟和大角山羊。

上述成功案例告诉我们，保护工作是有效的，但就目前所开展的规模来看，还远远达不到拯救自然界所需的力度。保护工作减缓了物种灭绝的速度，但无法将这个速度带回到与前人类时期相接近的水平。与此同时，物种的出生速度正在快速下降。就像正在接受急诊救治的事故伤员，不断的失血却没有可供输入的新鲜血液，在这样的状态下，根本谈不上稳定病情，只能眼睁睁地看着伤员的状况逐渐恶化，然后不可避免地走向死亡。我们可能只想对外科医生和生物保护人士说出这样的话：“祝贺，你延长了一个生命的存活时间，但很遗憾没能延长多久。”

当然，并非所有野生物种都面临着生物多样性打击带来的威胁，有些动物是能适应人类环境的。目前的幸存物种中有多少能坚持到 21 世纪末？如果维持目前状况不变，也许能剩下一半，更大的可能性是剩下不到 1/4。

这是我的猜测。事实就摆在我们眼前，仅因为失去栖息地这一个原因，生物灭绝速度就在全世界的绝大部分地区不断攀升。最惨不忍睹的生物多样性屠宰场就是热带丛林和珊瑚礁。所有栖息地中最为脆弱的所在，即每单位面积生物灭绝速度最快的地方，就是热带和温带地区的江河湖泊。

保护生物学中，一条针对所有栖息地的既定原则就是，减少的栖息地面积会造成约相当于该面积四次方根的物种百分比消失。举例来说，如果 90% 的森林被人为砍伐，那么就会有一半的物种很快消失。而如果森林未被砍伐，这些物种则会继续存留。砍伐过后初期大多数物种也许可以存活一段时间，但其中一半的物种由于种群规模太小，继续繁衍几代后仍会消失。

巴拿马的巴罗科罗拉多岛（Barro Colorado）是一处宝贵的自然实验室，可供人们研究区域对生物灭绝的影响。这座岛屿上雨林密布，是 1913 年在修建巴拿马运河时因加通湖（Gatun Lake）的形成而产生的小岛。鸟类学家约翰·特伯格（John Terborgh）曾预测称，50 年之后该岛将失去 17 个鸟类物种。实际的数字是 13 种，占最初在岛屿上发现的全部 108 种繁殖鸟类的 12%。在世界的另一端，印度尼西亚的茂物植物园（Bogor Botanical Gardens），这块占地 0.9 平方公里的小块热带雨林也与周边环境相隔绝。但这种隔绝不是由于水域环绕，而是因为周围的林地全部被清除了。在最初的 50 年中，植物园损失了全部 62 种在当地繁殖的鸟类之中的 20 种，和预期值基本相符。

生物保护科学家经常用 HIPPO 这个缩写来代表人类活动中最具破坏性的行为，这 5 个字母以其重要性排序具体如下：

- 栖息地破坏（Habitat destruction），包括那些导致气候变化的破坏现象。
- 物种入侵（Invasive species），包括那些将本地物种挤走、对农作物和本地植被进行破坏，以及导致人类和其他物种患病的微生物和动植物。

- 污染（Pollution）。因人类活动而排放的废水是生命的杀手，特别针对地球上最为脆弱的栖息地，即河流和其他淡水生态系统。
- 人口增长（Population growth）。虽然这个话题依然十分不受欢迎，但我们真的要减缓人口增长的速度了。繁衍后代是必须的，但正如教皇弗朗西斯一世所言，继续像兔子一样成倍繁殖不是件好事。人口统计学预测显示，全球人口数量将在21世纪末之前上升到110亿以上，在该数值达到巅峰后会出现消退。不幸的是，从生物界可持续性的角度来看，人均消耗注定也会上涨，而且上涨幅度很可能比人口数量的涨幅还要陡峭。除非出现某种新技术，能极大地提高单位面积的效率和产量，否则人类的生态足迹（平均每人所需的地球表面面积）覆盖面就会越来越广、越来越深。该足迹不仅包括地表面积，而且包括四散在土地和海洋之中的空间，表现为居住地、食物、交通、治理、娱乐，以及所有其他一切服务。
- 过度捕猎（Overhunting）。捕鱼、狩猎活动会导致目标物种濒临灭绝状态，令最后一批幸存的种群面临疾病、竞争、天气变化的威胁。在种群规模较大、覆盖面较广泛时能承受的压力，到了小规模种群面前很可能就是致命的。

有些物种数量下降和灭绝是单一因素导致的结果。在此举几个例子，擅长以鸟类巢穴为目标进行捕食活动的棕树蛇有着固定的食物偏好；另一个例子是美国中西部的黑脉金斑蝶数量的下降。这种蝴蝶很有名，它们在冬季会集结数百万只同类集体行动，飞往墨西哥米却肯州的松树上过冬。截至 2014 年，美国中西部地区的黑脉金斑蝶的数量下降了 81%，其原因在于它们的幼虫唯一的食物马利筋草的植被面积下降了 58%。而马利筋草减少的原因，则是由于玉米田和大豆田中除草剂膦酸甘氨酸的用量增加。农作物经过转基因处理可以抵御除草剂的毒性，而野生的马利筋草则没有这样的保护。由于黑脉金斑蝶的食物量在无意间被缩减了，美国和墨西哥两地的蝴蝶数量都出现了大幅下降。

但是，在大多数灭绝现象中，原因都是多重的。这些原因之间彼此存在着直接或间接的联系，最终全都能归结到人类活动上。其中一个经过学者深入研究的多重因素案例是，阿勒格尼林鼠在其 1/3 的栖息面积上已经消失或濒临灭绝。有学者认为，林鼠种群的缩减是由于美洲栗树的灭绝，因为树木消失导致果实不复存在，而栗树果实是林鼠的部分食物来源。同样重要的原因还有林鼠所在森林的砍伐活动和碎片化趋势。而入侵物种欧洲吉普赛蛾贪婪的胃口，也进一步加剧了林鼠栖息地面积的缩减。压倒骆驼的最后一根稻草是经由浣熊传染的线虫感染。浣熊是比林鼠更适合在人类周围生活的动物。

某种啮齿动物的衰落可能无法引起人们的关注，而每年到“新世界”热带地区过冬，然后再飞回到美国东部进行繁殖的鸣禽更能唤起同情。由美国联邦政府资助的《美国繁殖鸟类调查》（*U.S. Breeding Bird Survey*）以及《奥杜邦圣诞鸟类统计》（*Audubon Christmas Bird Count*）都明确显示，超过24种鸟类的种群规模都出现了急剧下降。受到影响的鸟类包括林鸫、黄腹地莺、东王霸鹟和刺歌雀。证据显示，在古巴过冬的巴赫曼莺已经灭绝。这种小鸟在我心里有着特殊的地位，每次去美国墨西哥湾沿岸地区冲积平原上的森林进行野外考察，接近巴赫曼莺曾经栖息过的藤丛时我都会四处观察、用心倾听，想要发现巴赫曼莺的踪迹（水平实在有限），但每每都失望而归。

有时，现实情况会让人觉得仿佛人类是在用各种手段蓄意攻击美国这些残余的本土动植物。我们手中的致命武器包括对过冬和繁殖栖息地的破坏、杀虫剂的过度使用、自然界昆虫和植物食物的短缺、令迁徙导航失误的人工照明污染等。气候变化和土地酸化是新近出现的问题，同样带来了与以往截然不同的风险。野生动植物生存和繁衍所依存的自然环境有着自身的调节机制，而这些新风险将原本的节奏全部打乱了。

我们在思考如何保护全球生物多样性时，有几点事实需要铭记在心。

首先，由人类导致的灭绝因素是协同增效的。其中任何一个因素若出现强化，便会带动其他因素共同强化，所有这些改变累加在一起，就会进一步加速灭绝的进程。以农业耕种为目的砍伐森林会削减动植物的栖息地面积，削弱碳捕获能力，并将污染物带到下游，破坏河流沿岸原本纯净的水生栖息地。本地食肉动物和食草动物的消失会改变所在地的生态系统，甚至可能导致灾难性的变化。入侵物种的加入也会引发同样的后果。

其次，热带环境比温带环境要复杂得多，物种数量多出很多，而脆弱性也高出许多。随着纬度向南北极延伸，蚜虫、地衣和针叶树等物种越来越多，而数量多得多的其他类型有机体则是沿反方向递增的。举例来说，如果你想耐着性子找一找的话，在新英格兰温带森林中，每平方公里的土地面积上能找到约 50 种蚂蚁，而在厄瓜多尔或婆罗洲的雨林中，同样的面积能找到 10 倍于此的蚂蚁物种。

再次，生物多样性的丰富性与其中物种覆盖的地理区域之

间的关系。北美洲温带地区的动植物中很大一部分四散在北美大陆的绝大部分地方，但在南美洲的热带地区，只有很少的物种会覆盖较广的区域。

将后两个有关当地物种数量的特点联系在一起我们就会发现，和预期一样，就平均状态来看，热带物种比温带物种更为脆弱。它们占据的地域面积更小，能维持的种群规模也更小。而且，由于它们所在的环境中生活着更多的竞争物种，所以需要拥有更加专门化的生存地域、更加专门化的食物，以及更加专门化的以它们为捕猎目标的掠食者。

由此可见，在生物保护工作中需要谨记的一条通则就是，虽然在加拿大、芬兰或西伯利亚砍光 1 平方公里的原始针叶林会对环境造成许多伤害，但在巴西或印度尼西亚砍光同样面积的原始热带雨林对环境造成的伤害要严重得多。

最后，在 62 839 种已知脊椎动物和 130 万种已知无脊椎动物之间存在巨大的差异（根据 2010 年统计数据）。几乎全部有关生物多样性的量化趋势分析都是基于脊椎动物做出的，即那些我们非常熟悉的大型动物。无脊椎动物中也有一些群体是经过学者反复研究的，其中包括软体动物和蝴蝶，但即使是这些无脊椎动物也不像哺乳动物、鸟类和爬行动物那样为人们所充分了解。绝大部分无脊椎动物物种，尤其是种类繁多的昆虫和海洋有机体，依然等待着科学家去发现和了解。尽管如此，对于那些经过研究并对其受保护状态进行过评估的物种而言，如淡水蟹类、淡水螯虾、蜻蜓和珊瑚等，其处于脆弱状态和濒危状态的物种比例与脊椎动物基本相仿。

讲到生物界的生与死，我们要注意避免两个认识的误区。第一，我们可能会认为，某个珍稀物种的种群规模之所以不断下降，是因为该物种已到了衰败的时刻。我们认为这种动物的消亡是自然发展的结果。而事实上，该濒危物种的幼崽，和与其竞争最为凶悍的物种的幼崽一样，都具有旺盛的生命力。如果该物种的种群规模不断缩小，从濒危转为极度濒危（自然保护国际联盟的《濒危物种红皮书》为物种濒危状态设定的尺度），其原因既不是物种年龄老化，也不是天意使然，而是达尔文自然选择的过程将其置于了窘境。环境不断变化，经过早前自然选择而集聚为一体的基因都是无法快速适应当下环境的偶然产物。这些物种是坏运气的受害者，就像是在长达 10 年的大旱开始之际买下农田的农夫一样。若能将物种的幼崽个体放到其基因更能适应的环境中，那么该物种就会蓬勃发展。

> 2001 年《濒危物种红皮书》为个体物种珍稀程度划分的等级如下：无危物种、近危物种、濒危物种、极度濒危物种、野外灭绝、灭绝。

请记住，这令众生无法适应的环境的总设计师就是人类。

保护生物学这门学科旨在从每况愈下的物种角度出发，去识别、保护或重建更好的环境。

生物学家知道，在长达 38 亿年的生命历史中，超过 99% 曾生存于地球上的物种都灭绝了。于是总有人问，既然是这样，那么生物灭绝又有什么不好呢？答案就在于，亿万年以来，许多物种并没有完全死亡，而是变成了两个或更多个物种。物种就像阿米巴虫一样，是通过分裂而非胚胎进行繁殖的。最为成功的就是在时间的长河中拥有最多物种的祖细胞，就像最为成功的人类是那些子孙后代扩散得最多、坚持得最久的那些人一样。

全球人类的生与死应接近于平衡状态，而过去 65 000 年来，人口出生数量常常超过死亡数量。最重要的是，我们与所有其他物种无异，都是极为成功的产物，沿着祖先的来路追溯，可以回到人类进化历程的开端，继而回到人类出现之前的数十亿年，回到生命之灯点亮的那一刻。我们周围的生物也同样有着各自的源头。至少到目前，每一个生存下来的物种都是经历过艰难险阻的生存竞争中的英雄。

HALF-EARTH

Our Planet's Fight for Life

08

气候变化的冲击

海星与管虫。

艾尔弗雷德·埃蒙德·布雷姆，1883—1884。

08
气候变化的冲击

气候变化这个愤怒的恶魔已经入侵了所有生物圈，蓄势待发，随时准备扭曲每一个地方的每一样东西，就像一个放任太久、缺少管教的孩子。工业革命以来，人类将大气层当成了碳排放垃圾场，毫无顾忌、得寸进尺，导致主要由二氧化碳和甲烷构成的温室气体浓度提高到了危险水平。

大多数专家都认同这样一个可怕的预测：因污染导致的年平均地表温度上升幅度，与 18 世纪中期、工业革命发生之前的温度水平相比，不应超过 2℃或 3.6 ℉。如今，温度上升幅度已经接近 2℃这个门槛的一半。当全球大气变暖幅度超过 2℃之后，地球气候的稳定性就会遭到破坏。现在的史上最高气温纪录到那时将变成家常便饭。极端风暴和反常天气将成为新常态。正在发生之中的格陵兰和南极冰盖消融将会加速，为大陆带来新的气候现象和地理布局。通过卫星和潮汐监测数据统计得来的海平面高度，正在以每年 3 毫米的速度上升。在冰川融水和海洋整体受热导致的海水体积扩张的双重作用下，海平面上涨幅度最终将超过 9 米。

如此可怕的变化真的会发生吗？事实上，变化已经开始了。地球的年平均地表温度自从 1980 年以来便在稳定上涨，至今没有减缓的迹象。

世界各国政府已经纷纷开始行动，但在实际工作中却缺乏热情，远远不足以解决问题。只有面临海平面上升、国土将被淹没这个巨大威胁的基里巴斯和图瓦卢等太平洋岛国找到了解决办法，他们已经准备将全部人口迁往新西兰。

当然，我们在日常生活中是注意不到这些变化的。华盛顿的政治领导人尚不需要乘船去上班。然而，2014 年 11 月 12 日，美国总统奥巴马与中国国家主席习近平签署了一份历史性协议。协议要求，美国在 2025 年之前要实现碳排放水平比 2005 年下降 28%。中国将在不久之后到达碳排放峰值，并在 2030 年之前下降到同一水平。同年 12 月，来自全世界 196 个国家的代表在秘鲁首都利马相会。各国代表同意，回国之后在 6 个月内为各自国家制定出一份计划，削减本国来自煤炭、天然气和石油的温室气体排放量。将所有计划编纂为一体，就形成了

2015 年 12 月起草的《巴黎协定》全球协议的基本框架。但该协议所达成的行动计划要到 2020 年才开始执行。

国际能源机构方面坚持认为，虽然人类必须要远离全世界已确认存在的地下石油和天然气储备，才有可能缓解气候变化带来的灾难，却仍补充称，“2050 年之前，已确认的化石燃料储备的消耗量不会超过 1/3”。

每一位机构成员在忠诚问题面前都处于进退两难的窘境。已故生态学家加勒特·哈丁（Garrett Hardin）提出的“公地悲剧”[①]就源于个人、组织或国家对有限资源的共享。每个成员都会尽量多的去占用资源，因为每一方都面临选择，要么在坚持原则的同时占有被允许的那一少部分，要么就用赤裸裸的欺骗手段占有更大的一部分。在我们讨论的问题中，这个资源就是清洁的空气和水。

“公地悲剧”的一个经典案例就是公海渔业资源的枯竭。在领海区域内，全世界各国针对鱼类和其他海洋食用资源的捕捞仅有很少的规定和限制。而不属于任何人的公海则不受制于国际谈判商定的任何条款。几代人以来，世界各地的海洋水域无论是否有所保护，都承受着可食用物种被过度捕捞的命运。在

① 公地悲剧是指公地作为一项资源或财产有许多拥有者，他们中的每一方都拥有使用权，但没有权利阻止他人使用。而每一个人都倾向于过度使用，从而造成资源的枯竭。——编者注

栖息地破坏、入侵物种泛滥、气候变暖、土壤酸化、有毒物质污染和水体富营养化的联合作用下，恶性循环在进一步加剧。

海洋生物所受到的侵袭十分残忍，而且势头不减。凶猛的大型食用鱼类，如金枪鱼、箭鱼和鲨鱼，还有大型底栖鱼类，如鳕鱼、比目鱼、鲽鱼、红鲷鱼的数量，自 1950 年以来下降了 90%。在美国新移民时代，鳕鱼数量极多，据说鱼钩上不用放饵料都能钓上一条饱餐一顿。而现在，鳕鱼的数量已下降了 99%。

所幸，和陆地上的大型动物相比，海洋物种完全灭绝的现象要少很多。原因在于，几乎所有的大型海洋物种，包括中上层鱼类在内，都有覆盖面积很广的栖息范围或迁徙路线。它们一生中旅行的距离要比陆地动物远出许多，它们四处播撒后代，并由此使种群免于灭绝。陆地大型动物，如亚洲虎，其最初活动的 93% 的地域范围中已经完全找不到其踪迹，而虎鲨依然在它所属的活动范围内畅游。

珊瑚礁则没有这么幸运。人们常常将珊瑚礁称作“海洋中的雨林”，意指其中丰富多彩的生物多样性。与此同时，珊瑚礁也有着与其他顽强的海洋生态系统截然不同的脆弱特性。珊瑚是共生有机体。每一个珊瑚都包含一只石灰质的、像植物一样的动物，也就是我们能看到的部分，其中包括大量的单细胞微生物——共生虫黄藻，我们除了能看到它那多姿多彩的色泽之外，无法用肉眼观察其身形。珊瑚的骨架创造出了珊瑚礁的结构，就像树木和灌木丛创造出森林的结构一样。共生虫黄藻主要利用光合作用为石灰质结构的建造提供能量和物质。

在人类活动的影响下，水温哪怕只上升 1℃，酸度哪怕只有一点点提高的迹象，共生虫黄藻都会离开宿主迁往别处，并将靓丽的色泽和光合作用机制一同带走，这一自我了断的过程就叫做“珊瑚白化”。

对于这些神奇的聚集生物来说，海水变暖所导致的变化已经引发了灾难性的后果。全世界 19% 的珊瑚礁已经死亡，世界范围内已知的 44 838 个珊瑚物种之中的 38% 处于脆弱或濒危状态。相比之下，其他处于脆弱或濒危状态的物种中鸟类有 15%，哺乳动物有 22%，两栖动物有 31%（蛙类、蝾螈类和蚓螈类）。最近的研究分析表明，全世界 1/4 的珊瑚物种将会在 2050 年之前消失。

HALF-
EARTH

Our Planet's Fight for Life

09

最危险的世界观

前人类世时期热带地区聚集在一起的果蝠。
艾尔弗雷德·埃蒙德·布雷姆，1883—1884。

09
最危险的世界观

并不是每个自称环境保护专家的人，都认为生物多样性应该得到完好无缺的保护。目前有一小部分，且有越来越多的人认为，人类已经将生命世界改变到了无法补救的状态。他们认为，我们现在必须适应在一个被损毁的星球上求生存。一些持修正主义观点的人则在敦促人们接受一种极端的“人类世”世界观，即人类已经完全占领地球，幸存的野生物种和生态系统要根据其对人类的有用性而获得评判和保护。

在这样的地球生命愿景中，野生状态不复存在；世界上的所有地方，就连最偏远、最与世隔绝的角落，都在某种程度上被掺入了人为因素。在人类到来之前进化而成的大自然中的生命已经死亡或正在走向死亡。秉承这种观念的极端人士认为，也许这样的结果是历史发展的必然。如果真的是这样，那么地球的命运就是被人类全部占领、全部统治，从南极到北极。地球的存在由我们决定，为我们控制。归根结底，人类才是唯一有意义的物种。

这种观点存在一丝真理。人类对地球施加的破坏强度，是其他任何单一物种都无法企及的。这场袭击过程中火力全开的阶段，用人类世的惯用说法，即“经济发展”，始于工业革命之初。最开始受到“袭击”灭绝的是体重超过 10 千克的哺乳动物，这些物种被统称为“大型动物群”，从旧石器时代渔猎先民的捕猎行为开始受到攻击，随后在技术创新的作用下逐步加剧。

生物多样性的退化与其说像电灯开关般由明亮变得漆黑，不如说像灯光渐暗更为贴切。随着人口逐渐增多，逐渐向世界各个地方蔓延，几乎每个地方的当地资源都会被人类消耗到极限。人类就像空降到这个星球上的怀有敌意的外星人一样，数量成倍增长，且依然在翻倍。

整个过程完全是达尔文式的，遵从无限发展和不断繁殖的路线。虽然从人类的标准来看，这一过程产生了新的美学形式，但从任何其他角度和标准来看都毫无美感可言，也许只有细菌、真菌和秃鹫会乐在其中。就像维多利亚时代的诗人杰拉尔德·曼利·霍普金斯（Gerald Manley Hopkins）在 1877 年写下的那样：

> 几代人踩踏、踟蹰、停驻；
>
> 生灵，
>
> 在贸易的烈焰下焦糊，
>
> 在辛劳的跋涉下虚无；
>
> 泥土，
>
> 带着人类的腥臭与玷污，
>
> 如今已荒芜，
>
> 穿着鞋的双足，
>
> 再无法感受大地的抚触。

生物多样性退行的进程是平行发展的。人类大斧一挥，大锅一煮，数万个物种随即陨落。我们已了解到，至少有占据世界总量 10% 的 1 000 种鸟类，在波利尼西亚殖民者乘坐独木舟扫荡太平洋，在汤加的小艇抵达夏威夷、皮特克恩岛和新西兰等与世隔绝的群岛时，就渐渐消失了。来到北美地区的早期欧洲探险家发现，此地曾经非常富饶的大型动物群已经被古印第安人的弓箭和陷阱杀戮得所剩无几。这些消失的物种包括猛犸象、柱牙象、剑齿虎、巨型冰原狼、巨大的冲天鸟、体型魁梧的河狸和地栖树懒。

然而，在最为贫困的地区，绝大多数植物和小型动物，包括一向种类丰富的昆虫和其他节肢动物都没有受到太多影响。我相信，如果可以乘坐时光机回到 15 000 年前，给我一个网兜和一把铲子，我就能找到并认出许多种类的蝴蝶和蚂蚁。但那时的动物种群会是一个完全不同的新世界。美国 19 世纪和 20 世纪早期的自然保护运动虽然开展得不够及时，但幸运的是，依然拯救了动植物种群中剩下的部分。

1872 年，在亨利 · 戴维 · 梭罗（Henry David Thoreau）、约翰 · 缪尔（John Muir）和其他自然保护主义者和活动家的作品感召下，黄石国家公园成立了，并由此掀起一场轰轰烈烈的运动，形成了由美国联邦政府、州政府和当地政府建设的自然公园组成的巨大网络。与此同时，社会力量也在为此添砖加瓦。由大自然保护协会为代表的非政府组织也纷纷建立起私有保护区。自然是原始的、古老的、纯粹的，除非是为了阻断人类干预行为的侵蚀效应，否则我们不应该对大自然进行管理。诗人瓦格纳曾于 1983 年说过，美国的国家公园是“我们想到的最好的点子”。

保护自然的思想凭借其本身的重大意义，已经在世界范围内普及开来。到了 21 世纪初，全世界 196 个国家和地区中的绝大部分，都建立了自己的国家公园或受政府管制的自然保护区。

由此可见，这一思想是成功的，但我们所取得的成功仅是针对保护区的数量和质量而言的。极度濒危的湿地孕育的物种数量是美国和欧洲自然保护区的 10 倍。如今，位于美洲热带地区、印度尼西亚、菲律宾、马达加斯加和非洲赤道地区的湿地已岌岌可危。根据脊椎动物数据推算，**世界范围内所有这些栖息地的物种灭绝速度已经到达人类出现前的 1 000 倍，而且还在加快。**

自然保护运动的缺点在于对新型人类世意识形态的关注。支持者认为，从本质上讲，拯救地球生物多样性的传统方法已经失败。未经开发的自然环境已不复存在，真正的荒野只存在于想象力的虚构之中。倡导人类世言论的人们所秉承的世界观与传统自然保护主义者完全不同。其中的极端主义者认为，自然界中现存的一切都应被当作商品来看待，并以这样的方式对其进行保护。幸存的生物多样性最好以其对人类的利用价值为标准来进行估值，就让历史沿着那些看起来预先设定的路线继续发展下去。最重要的是，要认识到地球的终极命运就是被人类化。对于那些持这种观点的人来说，人类世本身是件好事。自然界中遗留的事物当然不是坏事，但要遵循的底线是：就连野生动物都要像其他人那样，去争取自己活下去的权利。

这样的意识形态被其支持者称为“新型保护主义”。在此基础上出现了各种实操性很强的建议。首先，自然公园和保护区需要接受管理，以便令其满足人们的需求。而这里所谓的人们并非所有人，而是暗指我们这些活在现在和不远的将来的人。我们这些人用自己的当代美学眼光和个人价值观决定着一切，也决定着遥远的未来。遵从人类世指导原则的领导人，会将大自然带到没有回头路可走的境地，而不管未来无数世代的人们能否接受。幸存的野生动植物物种会与人类形成新型和睦关系，继续生存下去。在过去，人们是以访客的身份进入自然生态系统的，而如今，生存在被改造过的生态系统碎片之中的物种要和人类共同存在、共同生活。

人类世支持者似乎并不在乎他们的信仰如果成真会带来怎样的后果。他们既没有恐惧，也不关注事实。其中，社会观察家兼环保主义者艾琳·克里斯特（Eileen Crist）曾这样写道：

> 经济增长和消费文化将继续保持其首要社会模型的地位（许多人类世倡导者都认为这一点很有必要，但还有几位态度模糊）。我们现在生活在一个被驯化了的星球上，野生状态已永远离去。那就不如将生态厄运的消极言辞按下不表，为了我们在这颗人类化星球上的未来，去接纳一种更加积极的观点。技术，包括那些风险很高的、中央化的工业规模系统，都应被视

作我们的天命，甚至是我们的救世主。

马里兰大学的环境科学家厄尔·埃利斯（Erle Ellis），曾发起过势头猛烈的呼吁，旨在帮助环保主义者迎接新秩序的到来：

> 别再想着拯救地球了，大自然已不复存在。你生活在一个被使用过的星球上。如果你觉得这样不好，那就想办法自己克服一下。我们生活在人类世，这是个地球大气、岩石圈和生物圈都由人类力量所打造的地质时代。

究竟是什么样的热情在驱动着这些人类主宰者？答案就在日常生活的寻常经历中，在平日里不假思索脱口而出的习语中。克里斯特的分析文章继续写道：

> 在生物清扫和资源剥夺的作用下，人类逐渐占领或称同化了地球：人们用尽土地，为土地注入毒素；想尽办法杀死各种生物；还将人类对上帝的恐惧注入到动物内心，让它们一看到人类，便会瑟缩、逃跑。人们还将鱼类称作“渔业”，将动物称作“牲畜”，将树木称作“木材”，将河流称作“淡水”，将山顶称作

“积土”，将海岸称作“海滨”，并用这样的方式变更土地使用途径、将其他生物赶尽杀绝和商品化的投机行为视作合理合法的举动。

人类世思想的倡导者对新秩序下如何保护生物多样性这个问题并非完全一无所知。英国约克大学保护生物学家克里斯·托马斯（Chris D. Thomas），从众多公开发表的彼此矛盾的文献和数据中找出证据，声称持续发展的本土物种灭绝现象会通过目前由人类在世界范围内散播的外来物种入侵现象得到平衡。这位专家告诉我们，这样的补充将为那些生物多样性较低或被人为破坏的自然环境填补空缺。外来物种和残余本地物种之间的杂交，会令生物的外形特征和物种数量进一步增加。

托马斯提醒称，我们要记住，在上一个地质时期出现大规模物种灭绝现象后，随之而来的便是新物种的大爆发。当然，整个过程经历了数百万年的时间。在托马斯看来，生物多样性的进化恢复期需要500万年或更长的时间，在这么长的时间里足够进化出好几代现代人类物种。子孙后代因此而面临的烦恼并不值得一提。而且，在托马斯看来，大量外来物种转变成为入侵物种引发的重大问题，每年在全球造成数十亿美元的经济损失也无关紧要。

如果对地球上的生命遗产进行保护就是单纯将这些遗产安全的保留在原处，又会有怎样的不同意见呢？其中，呼吁力度最大的不同意见来自“新保护主义”哲学的领导人物彼得·卡瑞瓦（Peter M. Kareiva）。他曾在 2014 年担任大自然保护协会的首席科学官，站在了颇具影响力的讲坛之上。他在诸多公开演讲、学术论文和科普作品中，一直充当着那些对野生物种和环境进行攻击的人们的领袖。在他看来，地球上已经不存在处于原始状态的地方。因此，那些在很久之前曾经被荒野占据的区域应该向人类开放，以便对其进行更加理性的管理，并从中获利。卡瑞瓦不支持野生状态，他向往的是“有效景观”，这个说法可能是针对“闲置景观”而提出的。由此，也令土地在经济学家和商业领袖眼中更具吸引力。

但是，这种对荒野状态的攻击存在一个语源学上的错误。《美国荒野法案》（*U.S. Wilderness Act*）中根本找不到“原始”“未开发”之类的词。诚然，卡瑞瓦和那些与他想法一致的人也会意识到，“荒野”一词指的是尚未与人类意志相结合的无人居住地域。用自然保护学的术语来讲，“荒野”是指那些没有人类蓄意干涉，由大自然自由发展出来的大片区域，其中的生命均保持着“自我意愿”。荒野之中经常会包括零星的人类群体，尤其是那些在自然环境下生存了几个世纪甚至几千年的土著居民。大自然与土著居民共生，并不会因此失掉其本质特征。我随后也会讲到，荒野是切切实实存在的实体，我们不能否认其存在。

还有一些人类世乐观主义者怀有另一种不同类型的希望：他们认为，对于许多灭绝物种，只要我们能获得足够的遗留肉体组织，对其遗传代码进行构建并克隆出整个有机体，就能为它们重新注入生命。灭绝物种复活（de-extinction）的典型有旅鸽、猛犸象、澳洲袋狼。在人们的构想中，这些灭绝生物存活所需的生态系统是完好无缺的，或是可以得到重建的。每个物种都能找到与其原栖息地无异的环境。

印度巴布内斯瓦尔的一位生物技术教授苏布拉特·库玛（Subrat Kumar）曾为《自然》杂志撰写文章。他不仅笃信“灭绝物种复活”的想法，而且正在努力促成一个新的大型项目，以准备迎接诺亚时代规模的物种复苏。有些人担心，那些已经灭绝的物种会成功繁衍并扩散，像僵尸一样席卷自然界，将其他物种清扫一空。针对这样的担心，库玛说出了这样一句话以表安慰：“我们带回来的任何物种都会接受生物工程的处理。一旦造成问题，便可轻而易举地将其铲除。”

与此同时，在流行文学领域，记者兼作家埃玛·马里斯（Emma Marris）为人们创作出了一幅美好的图景，在一颗全新的智能星球上，各处花园中四散安置着半野生物种供人类利用。在她看来，我们应立即放弃“不受制约的荒野”这样的想法，因为这个在美国生根发芽的想法如同“邪教”，“潜伏在自然保护组织使命宣言的背后”，而且很不幸地“充斥在自然文学作品和自然纪录片之中”。马里斯警告称，这样的荒谬思想必须得到控制。我们作为这颗星球统治者的真正角色，就是要将其生物多样性转化成为“由我们人类照料的，全球化的半野生花园”。

在我的印象中，对野生环境和神奇壮观的生物多样性熟视无睹、态度冷漠的人，常常就是那些对大自然没有多少个人体验的人。在此引用伟大的探险家兼博物学家亚历山大·冯·亨伯特（Alexander von Humboldt）颇为贴切的一种说法：“最危险的世界观，就是那些还未观察过世界之人的世界观。”这句话在他的时代是真理，在我们这个时代亦是真理。

第二部分

我们生活的世界

物种和生态系统之中依然存在着十分富饶的生物多样性，但能用以拯救这些生物多样性的时间已经不多了。我们若不及时行动，到21世纪末，生物多样性很可能就会离我们而去。从这个角度出发来看，我们眼前就出现了一幅关于生物多样性存在宽度的图景。

HALF-
EARTH

Our Planet's Fight for Life

10
保护的科学

海洋软体动物。

《伦敦动物学学会志》，1848—1860。

10
保护的科学

可以说，人类世和许多错误的哲学思想一样都是心怀好意的无知。这种世界观存在多个源头，是一种全新的、以人类为中心的保护思路，更确切地说是反保护的思路。人类世世界观[①]的第一个源头是对自然保护组织发展历史的错误理解。第二个源头是对生物多样性数据库的掌握不充分。第三个源头，也是不那么显而易见的源头，是对生态系统进行过分强调，将其视为生物组织的关键层级，而几乎完全排除物种和基因的存在。

推崇“新型保护主义”的强硬派人类世主义者认为，传统自然保护组织的计划和目标并没有对人类的利益给予多少关

① 一种人类的自然观，持有这种观点的人主张自然界所有生命的价值要根据其对人类的有用程度来判定。

注，这样的观点大错特错。30 多年来，我本人一直服务于多家全球领先的自然保护组织，在管理与顾问委员会供职，深知传统的自然保护组织对人类的关注是多么深刻而广泛。20 世纪 80 年代，在美国世界自然基金会对其指导纲领进行大幅扩充时，我也参与其中。

除了了解哪些动物和植物种群需要保护，它们生活在世界的哪个地方以及如何保护之外，还有一个终极问题就是为什么需要保护？仅保护几种富有魅力的动植物，相信这些动植物能发挥“伞护种”（umbrella species）[①]的功效，将周围的生命同时保护起来，这样做够吗？拯救自然界中体型较大、外表美丽的动植物对人类而言有什么样的好处？而将生活在保护区之中或附近的人们隔离开来，这样的做法无疑是错误的，而且也是徒劳的。

我们的解决办法是分两步走。第一步是将关注点从熊猫、老虎之类的明星物种扩展到整个生态系统，连那些公众并不熟知的物种都包括在内。第二步是制定政策，帮助生活在自然保护区之内或附近的人们发展经济，提高医疗保健水平。

其他组织也在沿同样的方向对行动方针进行修正，将人类

① “伞护种”是指选择一个合适的目标物种进行保护，这个目标物种的栖息地需求能涵盖其他物种的栖息地需求，从而对该物种的保护也为其他物种提供了保护伞。——编者注

的利益放在中心位置。举例来说，保护国际基金会将重点放在帮助发展中国家的政府领导人上，为他们出言献策，将对生物多样性的保护作为农村地区提高人口经济水平和生活质量行动中的一部分。大自然保护协会一直在对生物多样性丰富的地区进行管理，并将这些地区向公众、生态学者和生物多样性研究人员开放，通过这种方式将人们的利益考虑在内。稀有动物保护组织是一家成功的小型自然保护组织，这家组织的关注点是将明星物种和自然生态系统视作与当地文化和人群不可分割的一部分。

生物多样性研究和保护的领导者一直以来都深知，世界上现存的荒野环境不是艺术博物馆，不是为了供我们休闲享乐而精心修整的花园，也不是用自然资源搭建出来的娱乐中心或避难所，更不是疗养院或未经开发的商业机会。荒野区域以及其中保护着的丰富的地球生物多样性，与人类胡乱拼凑在一起的乱七八糟的环境，完全是两个世界。我们能从荒野之中得到什么？由荒野的存在所形成的稳定的全球环境，以及这些荒野本身的存在，就是它们赐予人类最好的礼物。我们是荒野的管家，而非其主人。

人类世空想家们所倡导的发展方向，包括他们口中的半野生花园、外来物种与本地物种结合而生成的新型杂交物种，以及可供商业开发的土地，这些东西将会带来什么样的伤害现在还无从预测。这些人写出的文章，其内容之贫瘠、视野之狭隘，都充分证明提出这些想法的作者对他们所攻击的生态系统之中的内涵和结构是多么一无所知。因此，有必要请这些人去大雾山国家公园（Great Smoky Mountains National Park）这处常有研究人员造访的美国自然保护区走一走，思考一下每类有机体之中已知物种数量的细分情况。本书所附表格 10－1 对这些数据进行了总结。研究专家和经过培训的志愿者在投入 5 万工时的调查之后给出了一份记录，里面有 18 200 个物种。再加上所有未被关注、未被记录的瞬态物种和微生物，估计总数在 6 万～8 万之间。

如果你觉得已知的 18 200 个物种之中的任何一个是无关紧要的，那么我请你三思。这些物种只不过是你所不熟悉的。许多将毕生精力贡献给研究事业的科学家也一样，他们对这些物种也不熟悉。

如果大雾山国家公园中的吻虫、无翼昆虫和多足动物消失，可能对剩下的生物群落没有太大影响（我的这个猜测很可能是错误的），但我敢肯定，剩下的生物群落没有几种动物可以无声无息地消失而不导致其他物种数量出现严重的下降。为了证明这一说法，可以试想一下，如果在物种列表中随机抽取 5 类动物并假设其灭绝，会造成什么样的后果，如纽形动物、软体动物、环节动物、缓步动物和蛛形动物。这些类型动物的灭绝会严重扰乱生态系统的稳定性，甚至导致整个系统的垮塌。

如果不能开展一个像大雾山国家公园那样的生物多样性全面普查，那么针对自我持续的自然生态系统所进行的研究都不能说是完全站得住脚的。而大雾山国家公园的研究工作才刚刚开始。我们需要收集的信息还有太多，包括每个物种生活的区域、活动的区域和时间、物种的生命周期、种群动态、与生态系统内部及系统内外的其他物种的互动等。甚至在分类学群体之中，比如所有燕尾蝶、所有猛禽、陆地蜗牛、圆蛛，放眼整部分类学花名册，我们会发现，物种之间在基础生物学和对其他有机体的影响上存在巨大的差别。

我第一次造访大雾山国家公园是在攻读研究生期间。当时，我见到了令我啧啧称奇的弹尾虫。这种难以察觉的小生物在身体下面长有一根杠杆，一头可以自由活动，另一头与身体相连，能像折叠刀那样开合。当弹尾虫感到捕猎者靠近时，就会释放出可以自由活动的一端并击打地面。虽然杠杆的体量只能以毫克来计算，但这一击的力量可谓是动物界最迅猛的爆发力，可使弹尾虫高高弹到空中向前飞行。用人类的视角来看，整个飞行长度相当于一座橄榄球场。

但是，若从自然历史的宏大视角来看，这一伎俩就显得有些微不足道了。常有人说，捕食者和猎物的进化就像一场军备竞赛。某些种类的蚂蚁就进化出方法来应对弹尾虫的计谋。这些蚂蚁会运用许多手段来挫败猎物的跳高行为。其中一种手段就是在原地附近部署众多猎手，当弹尾虫从一位猎手处跳走，就会落在另一位猎手旁边。

另一种适应手段，也是我在整个动物界发现的最为精准、最为精巧的捕猎手段之一。我针对家蚁族（Dacetini）中的几种蚂蚁进行过相关研究。这些蚂蚁会从腰部的一大块组织中释放出某种气味以吸引弹尾虫。当感觉到弹尾虫靠近时，蚂蚁就会静止不动。之后，通过不断左右移动的两根触角顶端的气味收集器的指引，蚂蚁会缓慢地靠近猎物，以最大的角度张开长有大牙的下颚骨，某些种类的蚂蚁甚至能张到 180° 开外。然后，蚂蚁会保持这个姿势：两根长长的刺针向外伸出，一直延伸到张开的下颚骨外面，随时准备发动攻击。如果刺针触碰到弹尾虫，它的下颚骨就会迅速关闭，速度之快连肉眼都无从察觉，令弹尾虫不可能跳开。蚂蚁下颚骨内部表面上的长牙会将猎物刺穿，紧紧固定。此时的弹尾虫虽然会立即释放出弹跳杠杆，但已经无济于事。即使跳向空中，也会与捕猎者牢牢连在一起，无法分开。

前不久的一天我在公园散步时，在一块朽木的旁边掀起了一块树皮（此举得到了护林员的允许），看到了 3 只小小的综合纲动物。综合纲动物也是一种貌似昆虫的小生物，常常隐居在不起眼的位置。以弹尾虫为食的蚂蚁有时也会将综合纲动物视为猎物。我看到的这些小生物属于综合纲下面一个叫作铗尾虫的特殊群体，它们在尾部长有一对钳子状的尾铗。虽然世界各地存在许多种类的铗尾虫，但人们对其生物学特征的研究却少之又少。关于它们喜欢吃什么食物，它们的生命周期是什么样的，以及这对尾铗为什么长在这么不同寻常的位置，我都没有答案。而且，所有生物学家中没有一个人能猜测到，如果铗尾虫灭绝会引发什么样的后果。写到这里，我脑海里只有一个想法，那就是，如果还有来生，我将不假思索地将毕生精力投入到对综合纲动物的研究中去。

沿着同样的思路，我们来继续发挥一下想象力。在夏天的野外，我们手中拿着一个捕蝶网只需在植被上轻轻挥动几下，就能捕捉到许多不同种类的苍蝇（试一下，结果会令你感到惊奇）。这些不同种类的苍蝇各自擅长食用不同种类的水果、花粉、菌类、死尸、人类的新鲜血液（如果你允许的话）。有些苍蝇还是其他昆虫的寄生虫。宿主的重任并非任何昆虫都可以担当，而是在数以千计可供苍蝇选择的昆虫之中，千挑万选的几种。我十几岁时曾有过这样的顿悟，还差点因此成为一名双翅昆虫学家，即专门研究苍蝇的昆虫学者。

我曾为长足虻科的那些体型精致、结构精巧的小苍蝇痴迷不已。它们在夏天阳光下的树叶上舞蹈，浑身闪烁着带有金属光泽的蓝色和绿色。这些长足虻科的苍蝇究竟有多少种？它们为什么要用尽浑身解数去舞蹈，以至于引起人们的关注？它们的幼虫时代是在哪里度过的，又是怎样度过的？遗憾的是，我因为陷入了对蚂蚁的关注而分了心。虽然当时我身处亚拉巴马州北部，远离热带地区，但还是在我家后院发现了一窝途经此处的军蚁。这些军蚁是本地物种，算是遍及中美洲南部雨林那些军蚁的缩小版。我跟着这支快速移动的庞大队伍走进了邻居的院落,然后继续跟踪,看着它们如潮水一般倾泻在柏油马路上，随后又进入一片树林。在队尾处，我看到寄生蠹虫和其他一些昆虫紧追不舍。在如此壮观的场景对比之下，那些外表华美的长足虻科小苍蝇就显得黯然失色了。就这样，我决定专注在蚂蚁研究方面。那个时候，我对即将踏入的生物界之中浩渺无垠的美丽完全一无所知。

每一个生态系统都是由特定的有机体编织而成的大网，无论是池塘、草地、珊瑚礁，还是世界各地能找到的数千种各式各样的环境。**每一个物种都是由个体组成的可以自由杂交繁殖的群体，它们与生态系统之中的其他一些物种存在着或强或弱的互动，也可能完全没有互动**。面对大多数生态系统，生物学家就连其中大部分物种的身份都还没搞清楚，又如何定义物种互动行为的诸多过程呢？如果某些本地物种消失，而之前此地并不存在物种入侵，我们该如何预测这一生态系统在此过程中发生的变化呢？我们能拿得出来的只有残缺不全的数据，只能凭直觉和猜测进行填补。

我们这些真正对野外生态系统进行过分析，并细化到物种层面的研究人员，仅仅在局限性最强、最为初级的物种上取得了可观的进展，研究范围仅仅覆盖生态系统中生存的动植物的一小部分。我们用豪放的笔法绘制出了红树林、小池塘、潮间带水坑和南极干谷。从这些小型栖息地中，我们学到了关于移生过程的一些基本原则，还发现了在生物多样性数量均衡的前提下，捕食和移生之间的相互关系的一些惊人事实。我们还了解到了季节和气候变化，以及人类活动所带来的影响。但是，我们不得不承认，生态系统分析运用的研究方法的先进性，还不及 20 世纪初分子遗传学和细胞生物学革命开始之前的生理学和生物化学研究水平。

掌握更多关于大自然的知识将如何帮助我们更全面地了解自然保护和人类世呢？答案是十分明确的。为了拯救生物多样性，我们需要在对待地球上的自然生态系统时严格遵从预防性原则。在科学家和公众对生态系统有更多了解之前，我们需要严格遏制进一步采取行动的倾向，以谨慎的态度向前推进——研究、讨论、规划，给幸存的地球生命一次机会；避免找捷径，避免万金油式的大意言谈，尤其是那些会对自然界构成无法复原的伤害的威胁。

表 10-1　大雾山国家公园物种记录

分类	旧有记录（生物多样性全分类统计之前）	公园新增（生物多样性全分类统计开始之后）	科学记录新增	总计
微生物				
细菌	0	206	270	476
古生菌	0	0	44	44
孢子菌	0	3	5	8
原生生物	1	41	2	44
病毒	0	17	7	24
粘霉	128	143	18	289
植物 维管植物	1 598	116	0	1 714
非维管植物（苔藓等）	463	11	0	474
藻类	358	566	78	1 002
真菌	2 157	583	58	2 798
地衣	344	435	32	811
刺细胞动物（水母、水螅）	0	3	0	3
扁形动物（扁虫）	6	30	1	37
苔藓动物	0	1	0	1

续前表

分类	旧有记录（生物多样性全分类统计之前）	公园新增（生物多样性全分类统计开始之后）	科学记录新增	总计
棘头动物	0	1	0	1
线形动物（马毛虫）	1	3	0	4
线虫纲动物（圆虫）	11	69	2	82
纽形动物（带状蠕虫）	0	1	0	1
软体动物（蜗牛、蚌类等）	111	56	6	173
环节动物（水生蠕虫、水蛭、蚯蚓）	22	65	5	92
缓步动物（水熊）	3	59	18	80
蛛形纲动物				
螨虫	22	227	32	281
扁虱	7	4	0	11
盲蛛	1	21	2	24
蜘蛛	229	256	42	527
蝎子、假蝎	2	15	0	17

续前表

分类	旧有记录（生物多样性全分类统计之前）	公园新增（生物多样性全分类统计开始之后）	科学记录新增	总计
甲壳类动物				
淡水螯虾	5	3	3	11
桡脚类动物、介形虫等	10	64	26	100
唇足纲动物（蜈蚣）	20	17	0	37
综合纲动物	0	0	2	2
少足纲动物	7	25	17	49
倍足纲动物（千足虫）	38	29	3	70
原尾纲动物（原尾虫）	11	5	10	26
弹尾动物（弹尾虫）	64	129	59	252
双尾纲动物（双尾虫）	4	5	5	14
石蛃目（跳跃鬃尾虫）	1	2	1	4
缨尾目（蠹鱼）	1	0	0	1

续前表

分类	旧有记录（生物多样性全分类统计之前）	公园新增（生物多样性全分类统计开始之后）	科学记录新增	总计
蜉蝣目（蜉蝣）	75	51	8	134
蜻蜓目（蜻蜓、豆娘蜓）	58	35	0	93
直翅目（蚂蚱、蟋蟀、蝈蝈）	65	37	2	104
其他“直翅目”（蟑螂、螳螂、竹节虫）	6	7	0	13
革翅目（蠼螋）	2	0	0	2
襀翅目（石蝇）	70	48	3	121
等翅目（白蚁）	0	2	0	2
半翅目（蝽类、跳虫）	276	361	3	640
缨翅目（蓟马）	0	47	0	47
啮虫目（树虱）	16	52	7	75
虱毛目（虱子）	8	47	0	55
鞘翅目（甲虫）	887	1 580	59	2 526

续前表

分类	旧有记录（生物多样性全分类统计之前）	公园新增（生物多样性全分类统计开始之后）	科学记录新增	总计
脉翅目（草蛉、蚁蛉等）	12	38	0	50
膜翅目（蜜蜂、蚂蚁等）	245	574	21	840
毛翅目（石蛾）	153	82	4	239
鳞翅目（蝴蝶、蛾、水蝇）	891	944	36	1 871
隐翅目（跳蚤）	17	9	1	27
长翅目（蝎蝇）	15	2	1	18
双翅目（苍蝇）	599	651	38	1 288
脊椎动物				
鱼类	70	6	0	76
两栖类	41	2	0	43
爬行类	38	2	0	40
鸟类	237	10	0	247
哺乳类	64	1	0	65
总计	9 470	7 799	931	18 200

资料来源：昆虫学家贝奇·尼克斯（Becky Nichols），大雾山国家公园，截至 2014 年 3 月。

11

上帝的物种

一只柳树上的象牙喙啄木鸟。
马克·凯茨比（Mark Catesby），1729。

11
上帝的物种

读者可能会觉得，生物多样性研究过程中所渗透的方法与传统生物学有所不同。但是，两者之间也存在平行关系。细胞和大脑的关系就如同生态系统与雨林、热带稀树草原、珊瑚礁或高山草甸。其中各个部分的位置和功能需要首先被发现和描述，之后再连接到一起，形成全景。然而，针对器官系统的研究大多局限在实验室之中。一张面积一平方米的桌子就足够供科学家去揭开伟大的科学新发现。相比之下，**针对生物多样性的研究工作，无论称之为生物多样性研究还是科学自然史，抑或是进化生物学，其范围都大到能覆盖整个地球表面。**

科学家分两类。第一类之所以投身于科学事业是为了养家糊口。第二类则相反，他们为了投身于科学事业，需要想办法去养家糊口。我认识的科学博物学家们基本上都属于第二类。他们是所有科学家中工作最努力，却最不具竞争意识的一群人。而且，他们也是收入最低、获得奖项最少的一群人。因此，除了怀着对科学的一腔热情之外，他们真的没有其他的工作动力。博物学家相聚时很少会对未到场的同事发表议论，而是会去讨论新近的发现和重大新闻。正如“听说彼得在萨尔瓦多从山上摔下来了，知不知道他现在怎么样了”。

除了极其例外的情况，一般没有人会就某些专业发现秘而不宣。事实恰恰相反。博物学家之间的风气就是传话。如果你竖起耳朵偷听，可能会捕捉到这样的只言片语：“你听说没有，芭芭拉在一个拟椋鸟巢穴中发现了神奇的共生纺织娘，我记得是在苏里南发现的。”或是“鲍勃终于如愿以偿能在阿尔泰山区研究他的地衣了。而且俄罗斯批准他在中海拔地区扎营 6 个月。我要是能去那里收集树皮小蠹虫，哪怕只有一个星期的时间，也要乐坏了。至少对于树皮小蠹虫来说，那里依然是一片未经开垦的处女地呢”。

这里分享一个真实的案例。2014 年 4 月 27 日，艾德·威尔逊（Ed Wilson，不是我）在南亚拉巴马州莫比尔河 – 田索三角洲的冲积平原森林，给《莫比尔新闻记录报》（*Mobile Press Register*）的本·莱恩斯（Ben Raines）打电话：“我听说这里有美洲山猫。如果是真的，那就是此地哺乳动物群落的重大补充。”（美洲山猫是一种行踪诡秘的稀有野猫，其足迹覆盖美洲热带地区北部到得克萨斯州东部的广阔范围。在佛罗里达州属于外来物种，在墨西哥湾沿岸地区中部也可能存在。）

莱恩斯：“是吗？有人在这里拍到过美洲山猫的照片吗？”

威尔逊：“没有。我猜你就会这样问，没人拍到过照片，也没人捡到过山猫的皮毛。但这样的说法还是挺让人感兴趣的。”

莱恩斯：“嗯，可以确定的是这里有美洲豹，但是基本上从来没有人见到过。所以说不定哪天山猫也会露出行踪。我们还是可以抱有希望的。”

博物学家之间之所以能如此轻松地形成紧密的同志情谊，就是因为在我们面前，还有数不清的自然物种和现象亟待发现。只要我们怀有一点热情、有一双富有洞察力的眼睛和大瓶的防蚊液就能做到。只要专心投入工作，那么平均每周都能收获新发现的概率是非常大的。就仿佛你将挂着鱼饵的钓竿甩到路易斯安那州的鲶鱼养殖水塘里，深呼吸三次，然后拉起钓竿，准能发现一条鱼挂在上面。基本上每一次野外考察，或对博物馆收藏品进行检查，都能收获自然科学史上的新发现。当然，前提是你对即将要面对的那个物种有所了解。

自然历史学家和其他科学家一样，都梦想着能有重大发现，梦想着用灵光一现的刹那去揭秘之前人们不敢想象或迷惑不解的现象。我们也有自己的圣杯，其中最为人所熟知的是进化过程中缺失的环节，比如恐龙向鸟类进化、肺鱼向两栖动物进化、猿类向人类进化历程中的中间物种等。

同样令人兴奋的是重新发现已被认定灭绝的物种。说到这里，我想到了自己的一个最美好的幻想。

> 横穿佛罗里达州的狭长地带，汇入墨西哥湾的查克托哈奇河，沿岸环绕着冲积平原森林。森林深处潜藏着许多支流和小溪。我就在这样一条小溪之中悠然地划着独木舟。忽然，耳畔响起一阵熟悉的、令我为之一振的鸟鸣，“哔——哔”，紧跟着是鸟喙双击树干的梆梆声。我想，这声音听起来像是……不可能的呀。但是，真的不是没有可能。为什么就一定不可能呢？
>
> 在梦中，一对大啄木鸟振翅而来，落在我头顶上方六七米高的柏树枝头，搞出了很大的动静。随后，

又响起一阵尖利的双击树干声，其中一只挖出了一只甲虫幼虫。

我举起望远镜。没错，就是那黑色的身体和尾巴，呼扇着的翅膀上有着标志性的白色飞羽，还有雄鸟那亮丽的红色冠子。象牙喙啄木鸟！但是这不可能呀！我心想。也许是记忆出了问题。不会的，我要相信自己的双眼。最后一次有人亲眼看到象牙喙啄木鸟，是1944年在路易斯安那州的辛格区（Singer Tract）。梦中的我也十分清醒地了解这一点。我还记得，2004年有人声称在阿肯萨斯州大森林（Big Woods）中的沼泽地看到了象牙喙啄木鸟，但后来证明是个误传。那人当时看到的是常见的羽冠啄木鸟，与象牙喙啄木鸟有些相像。还有一个观鸟爱好者团队称他们在佛罗里达州查克托哈奇河的冲积平原森林中找到了一群象牙喙啄木鸟存在的迹象，但这条消息也没有得到证实，至少是尚未得到证实。

从白日梦中回到现实。在那个观鸟团队造访查克托哈奇河几年之后，我也去了那里。此行虽然没有见到象牙喙啄木鸟，但也充满惊喜。查克托哈奇河是当地一条典型的沿海河流：植被茂密的亚热带冲积平原森林，深入无人之境的水湾中随处可见蓬勃生长的各类生物。那些被人们俗称为滑板龟的几个龟类物种，在你试图接近它们时，会刺溜一下从倒塌的树干上滑下来，随即在你眼前消失。大大小小的短吻鳄在河流上游的位置扑通扑通地砸入水中。

关于见到象牙喙啄木鸟的美梦纯属我个人的异想天开。与我同行的伙伴和主人，在墨西哥湾沿岸地区拥有大片土地的自然环境保护主义者戴维斯（M. C. Davis）对这里再熟悉不过。对于象牙喙啄木鸟的问题，他十分怀疑并说道："你想想，如果我想要确认象牙喙啄木鸟是否真的重现江湖，我就会去到河流上游跟住在河流旁边的'沼泽鼠'聊一聊，只要找到象牙喙啄木鸟存在的证据，就给它们一大笔奖励。不过我说的证据可不是什么死鸟。"

一天，我正在戴维斯翻修一新的谷仓中与几位博物学家共进早餐，准备接下来为期一整天的野外考察，聊着聊着，便说到了附近查克托哈奇冲积平原可能有象牙喙啄木鸟的事。大家的态度都不太乐观，谁也不想表现出一副轻信的样子。这时，其中一人说，他想要播放一段鸟鸣的录音。于是，我们又听到了那熟悉的"哔——哔，哔——哔"的叫声。在场的一位经验丰富的鸟类学家小声说："这是象牙喙啄木鸟。"有可能是，但我还是宁愿现实一点。我更愿意相信这段录音可能是60年前在路易斯安那州辛格区录制的。象牙喙啄木鸟是美国最令人惊艳的鸟类之一，与美洲鹤和加州秃鹰齐名。这种鸟类生活在柏树和其他大型树木之上。由于树木遭到大规模砍伐，象牙喙啄木鸟也随之灭绝。辛格区是它最后的避难所，在辛格区的树木也被砍伐之后，这一物种就彻底消失了。

我们再回到幻想之中。请想象，如果你自己遇到了这样的历史性发现，脱口而出的第一句话会是什么。如果你是 100 年前生活在美国南部的人，那时象牙喙啄木鸟已经只是偶尔才能看到。而在此之前，你从未亲眼见过。那么，你很可能会用当时常见的表达方式说出这样的话:“上帝呀，那是什么？”如果有人像我一样曾经在哥斯达黎加被头顶三四米处突然飞落而下，不知来自何方的一对体型巨大的啄木鸟所惊呆，那么他一定明白这样一句惊呼的缘由。

这样想来，我们就能明白人们过去对象牙喙啄木鸟的俗称为什么是“上帝之鸟”了。

之所以讲这个故事，并不是为了让读者亲赴查克托哈奇查证，而是想让读者了解博物学家的热情有多么高涨。我们每一个人都至少发现过一个物种，这个物种可能对科学界是全新的，可能被重新带回到人们的视野，可能极为罕见，没人想到会遇上。每到这样的时刻都可以称为“上帝呀”时刻。这样的时刻可能会发生在野外的任何时间、任何地点。根据博物学家各自的专长，面前的生物可能是一只上帝蝾螈、上帝蝴蝶、上帝蜘蛛，甚至有可能沿着生物多样性巨大的层级一路往下，找到一个上帝病毒。每一个依然生存着的物种对我们来说都弥足珍贵，**我们博物学家的目标就是找到这些上帝时刻，并将这样的体验留给未来的世世代代。**

HALF-EARTH

Our Planet's Fight for Life

12

未知的生命之网

口中衔着一只黑眼叶泡蛙的剧毒中美洲棕榈矛头蝮蛇。
《伦敦动物学学会志》，1848—1860。

12
未知的生命之网

科学家和大众应该明白，为了拯救生物多样性，我们有必要去了解物种之间存在着怎样的互动，而这些互动又是如何构成生态系统的。但是，我们对物种间的互动所知甚少，生态系统研究依然属于亟待发展的学科。通过生态系统研究而寻找到的答案真是凤毛麟角，就连自然环境保护中最简单的问题都解决不了。

作为一位在野外考察和理论研究两方面都有经验的科学家，我认为自己有责任对生态学这一重要分支领域存在的问题和不足进行再次强调。传统生态系统研究在物种互动方面尤显不足。诚然，我们手头有着复杂的数学模型。但当数据不足时，建模就如同儿戏。

请不要误会我的意思。生态学研究的每个层面都是必要的，而且都有很强的吸引力。对于那些数学底子扎实的年轻科学家来说，投身于生态学意味着前途一片光明，还有机会享受到茅塞顿开的快感。但是，作为一个当代的纯科学研究领域，生态学的发展程度甚至还不及经济学。生态学本就是边缘学科，而且还存在明显不足，即根据构成生态系统的诸多物种的身份和自然发展史所建立起来的数据库信息量十分匮乏。

在经济学领域，同样的问题也存在于有关个体天生和习得行为的研究之中。而当你将真实数据放在一起时，又总能见识到那翻腾扭转的、无处不在的非线性特质，如同试图从你手中逃脱的鳗鱼一般。总体来看，理论研究人员尚未掌握真实世界里无底洞般深奥的复杂性。真实世界中的玩家数量庞大，其中既可能有人类，又可能有其他物种，而真正参与其中的物种数量总是多得无法确定。

只在少数几个案例中，生态学家能从数据库中挖掘出部分相关性，由此揭示环境变化的原因。其中一个是全球变暖导致的松叶林中树皮小蠹虫数量的增加，随之而来的便是更为频繁的森林火灾，这已成为一种基本规律。另一个案例之前曾经提过，随着生态系统中物种数量的下降，物种的平均栖息地宽度会有所增加。在北温带和北极生态系统中都能见到这样的现象。

平均来看，个体物种 这些栖息地之中的数量会更多，消耗的食物也更多。

另一个全球趋势就是纬 地衣、针叶林和蚜虫的多样性就越趋于上升。与此并行的 科植物、蝴蝶和爬行类动物在同样的地理梯度上多样性逐渐 但从原则上讲，只有研究所针对的生态系统非常小，其生 样性相对简单时，才会将生物多样性的变化情况拿来做参考。

和所有学科一样，生态学也是由一个 研究专题构成，发展这些专题的最佳方式就是从底层加以充 只有当底层充实了，才能一步一步地谨慎探究。首先，科 发现某种现象，或是推断出这种现象的存在，随后对其原因 向进行分析和解释，将手头掌握的数据与现象的相关解释进行匹配。然后，科学家利用现有解释,凭借常识或灵感设计出研究课题（假设），最好是存在多个解释，彼此之间形成竞争。这样，科学家们就有了前进的方向，需要去寻找更多的数据和更先进的理论，而这些数据和理论可能会为现象提供新的解释，也可能没有什么启发。如果我们依然连整体中的一小部分都无法看清，那么至少可以开启新的研究方向。

科学研究很少有直截了当的，并不是只要出发就会达到问题的中心。**科学的发展是迂回的、曲折的，总是会不断改变前**

进路线，不断扭转，需要去采集大量的数据，用更加精准的方式对局部进行描述，用更加确定的思路对因果关系网进行阐释。之后，仿佛洞穴的墙壁上突然裂开一条缝，希望的光芒就这样照了进来。

几乎所有取得成功的科学领域都遵循这样的规律。很显然，生态学领域还有太多尚待完成的工作。将有关生态系统结构和功能的研究向前推进一步所需的数据许多时候并不存在。我们可以向生态学家提问，面对一片森林或一条河流，如果我们连生活在其中、驱动能量和物质循环这部精密引擎的昆虫、线虫和其他小型生物都不了解，又怎么能搞明白其可持续性的深层规则呢？将目光转向大海，我们该怎么去理解 2013 年才被人们发现的、以掠食病毒为生的噬菌体的大量存在呢？一种名为皮克左瓦（Picozoa）的超小有机体，于 2013 年才被学界从解剖学角度进行首次描述，并被划归为全新的生物门类。皮克左瓦的存在，很可能是海洋中以胶体为食的“暗物质”的主要组成部分。面对这样的事实，我们又该如何心怀笃定地去看待海洋生态系统呢？

请允许我换一种方式从科学的角度来解释生态学的缺陷。每个学科在最终综合为成熟理论之前，都要经历一段自然历史时期。在生态学领域，科学自然史阶段所缺乏的是构成生物多样性各个物种的身份和生物学指征。**地球上至少有 2/3 的物种**

依然不为人所知，尚未被命名。而在其他 1/3 已被发现的物种之中，只有 1/1 000 得到了充分的生物学研究。如果没有掌握关于人体器官和组织的缜密知识，生理学和医学就无法发展，亦无法有效地进行传授。同样，如果无法对构成生态系统的物种有更多的了解，那么生态系统分析领域未来也不太可能出现重大进展。

对人类世哲学抱以赞许态度的作家和代言人都将目光局限在生态系统的层面上。从背景来看，他们似乎对大自然以及物种层面生物多样性的意义不甚了解。在物种层面做研究的生物学家就相当于对大脑内部进行精密研究的神经生物学家一样。那些人类世理论的推崇者将物种视为充斥于生态系统之中、可彼此互换的组件。这样的想法无异于 19 世纪时凭借头颅形状进行思想研究的颅相学者。

由此，我们自然而然会想到，关于生态系统，眼前最有必要的工作就是对物种层面的生物多样性进行研究。一如既往，对生物多样性的探索首先要从分类学开始。分类学家一旦发现新的物种，会尝试着从解剖学、DNA、行为、栖息地和其他生物学特征方面入手，对其进行识别。所有这些信息都有实际价值。假设一种来自未知地区的新型果蝇给北美西部的苜蓿田带来了威胁，那么这种入侵者的名称和身份是什么？它来自哪里？在它的家园存在什么样的寄生虫或天敌？在其已知生物学特征中，哪些因素能让我们利用以便对其进行控制？等到这类紧急情况发生之后，再从头开始进行相关研究并不明智。而这类入侵物种的数量在全世界每一个地方都在以指数级的速度增长。以害虫身份出现的入侵物种规模正在发展壮大。还有一小部分是致病微生物、昆虫和其他有机体，它们携带着病原微生物在人类或动物之间进行传播。

让我们再来看看世界范围内重要性越来越高的第二个问题。2014 年，棕榈油产业领域的官员倡议，将婆罗洲雨林砍伐一半转而栽种棕榈树，留下另一半作为保护区。如此大规模的破坏活动会对婆罗洲的生物多样性造成怎样的影响？在那个面积大幅缩小的保护区中，岛屿上所有的物种是否能幸存下来？还是能保留下 80%，或是 50% 的物种？在这个过程中，会有多少在全世界其他地方都无迹可寻的物种惨死在电锯之下？根据以往的经验，大范围自然环境转换所导致的物种流失会在一半以下，基本处于 10%~20% 的区间，其中许多只存在于当地的物种在被科学界认识之前就永远消失或踏上了过早灭绝的不归路。

还有一个问题，就是人类世倡导者所宣称的野生环境不复存在，地球是一个已经被人彻底利用过的星球，纯粹的自然环境已经离我们而去，或者说正在消失。他们认为，现在是时候让人们更深入地介入到整个环境之中，让人类与野生物种相伴而存、和谐共生。那么，将会有多少物种及多大比例的自然环境留存下来呢？人类世的支持者并不知道，号称颇有远见的科学家也在艰难地寻找答案。

我一直强调，物种是生物多样性层级之中的基本单位。我们需要秉承拯救一切的目标对物种进行充分研究。一个物种的全部生物学指征足够一位科学家将其作为毕生事业展开专注研究。就算有 100 位科学家专注在某个物种上，我们对其的了解也是不完整的。每一个物种都有属于自己的栖息地，与其他物种亲密无间地依存其中——猎物、捕食者、内部与外部的共栖生物、土壤的塑造者、植被等。由此可见，没有哪个物种是处于独居状态的。**当我们放任某一物种就此消失，我们就抹杀了该物种在生存期间所维持的生命关系网，科学家对其并不了解。**在入侵和破坏野生环境的过程中，我们的行为是无知的，所造成的影响是永久性不可修复的。我们切断了太多的联结，由此给生态系统带来的变化根本无从预知。正如先锋环境保护学家巴里·卡芒纳（Barry Commoner）在其著作《生态学第二法则》（*Second Law of Ecology*）中说过的一样："你无法只做一件事情。"

生态系统中的主要联系纽带就是食物链。拥有生态学基础知识的读者都知道，昆虫以植物为食，鸟类以昆虫为食，也以植物的种子和包含种子的果实为食，并将种子通过排泄传播开来，客观上促进了植物的繁衍。如果是如此简单的捕食者与猎物和共生联结关系，那么针对一个只有几个物种的小型生态系统，人们可能可以构建出对群体周期、分布，以及物种持续概率进行预测的数学模型。但这样一个模型是否真实呢？

除非给出非常宽泛的限定，否则该模型很难被证明是真实的。生态学家都知道，如此简单的物种关系网在自然界中极为罕见，原因我之前已多次强调。当我们从科学自然史的视角去探索真实世界时，就能发现物种之间通常存在着惊人和怪异的关系，与寻常人类的经验相去甚远。下面给出几个例子，作为这一观点的佐证。

生物间的食物链

吸血鬼终结者 全世界已知的5 000种跳蛛大多数都腿部短小、身形硕大、长满毛发。它们不织网，而是潜行于地面和植被之中，用巨大的眼睛来搜索猎物。一旦看到猎物，蜘蛛就会借机悄悄接近，然后像猫科动物那样猛扑过去。蜘蛛的体型差异很大，如果将最小的看作家猫，那么最大的就相当于狮子。如果你在后院躺椅上读报纸的时候，看到一只胖嘟嘟的小蜘蛛出现在报纸上沿短距离折返跑的路线前行，那么这位访客很可能就是一只跳跃蜘蛛。它们擅长捕猎专属的猎物，有些偏好蚂蚁，有一些则偏好其他种类的蜘蛛。东非猎蛛（Evarcha culicivora）偏好蚊子。对于蚊子，这种猎蛛并非全盘通吃，而是只喜欢刚刚吸食过人血或其他脊椎动物血液的雌性吸血蚊。东非猎蛛在房前屋后十分常见，它们用自己的方式为疟疾控制事业贡献着小小的力量（culicivora 这个词的意思是“食蚊者”）。

巫毒大师 进化杰作的第二个实例就是寄生生物的聪明才智。欧洲吉普赛蛾的幼虫白天时藏身于树干下方的阴暗处，以此来躲避鸟类和其他捕食者的追踪。当夜幕降临，它们会再爬回树冠之中，享用晚间的树叶大餐。然而，当幼虫受到一种核型多角体病毒感染，白天和黑夜的行为就会颠倒过来。这种病毒偶尔会在吉普赛蛾幼虫中流行一阵，对其种群造成致命打击。该病毒会诱发幼虫大脑内部发生变化，致使幼虫在白天爬上树梢。在树梢上，幼虫的身体会逐渐液化，释放出一团病毒漂浮物并感染其他幼虫。下雨天更是会加快其传染速度。

类似的将宿主化为僵尸的控制手法在虫草真菌身上也时有发生。蚂蚁在植被中寻找食物时有可能被虫草真菌感染。被感染的蚂蚁在临死时会用下颚紧紧夹住叶子的脉络，之后真菌就会从蚂蚁身体中长出将孢子释放到空中，继而落在其他蚂蚁身上。

江湖诈骗犯 物种进化的历程中常常会见到各种计谋。自然界的动植物为了完成自身的生命循环，总是在向外界提供错误的线索。其中设计最为精妙的一个计谋，主角是生活在美国西南部的斑蝥（Moloe franciscanus）。它会利用一系列花招，偷取同一栖息地中常见的独居蜜蜂（Habropoda pallida）拥有的资源。首先，雌性斑蝥会将卵产在蜜蜂采蜜常去的植物下面。幼虫孵化出来后会沿着植物爬上去，聚集在一起形成一个小小的球状聚集物。随后，这些小诈骗犯会释放出一种气味，其中含有的物质就是雌性蜜蜂用来吸引同物种雄性的物质。雄性蜜蜂闻讯前来，于是幼虫便纷纷爬上被骗雄蜂的后背。当雄蜂找到真正的同物种雌蜂并与之交配时，斑蝥幼虫就会离开雄蜂纷纷爬上雌蜂的后背，借机随雌蜂一起回到巢穴。到家之后，幼虫爬下地就开始食用蜂巢中储存的花粉和花蜜，还有雌蜂产下的卵。

植物界的诈骗高手非兰花莫属，关于它们的骗术可以写出一整本百科全书。兰花有 17 000 多种，是所有开花植物科中种类最繁多的一科。兰花会利用各种手段，引诱昆虫将其花粉传播到同物种的其他植物上。举例来说，有些兰花的外形酷似某种雄性黄蜂梦寐以求的雌蜂。当雄蜂满怀激情地准备拥抱“女友”时，得到的却只有黏在身上的黏腻花粉，甩都甩不掉。还有一些兰花物种会通过释放雌蜂的气味来吸引雄性。至少有一种兰花能释放出蜜蜂的气味，这种气味会吸引以蜜蜂为食的黄蜂前来。受骗的黄蜂身上黏着佯装成蜜蜂的兰花所产的花粉，帮助兰花完成了授粉任务，而自己却没有找到配偶，也没有找到食物。

奴隶制造者　社会性昆虫之中有许多展示出极端适应性的怪异案

例。在北温带，历史长达数百万年的蚂蚁奴隶制每天都极富戏剧色彩地上演着一幕幕有关欺骗的剧情。许多种类的蚂蚁都会到其他种类蚂蚁的巢穴中进行大扫荡，将顽强抵抗的成年蚂蚁驱散，再绑架那些毫无反抗能力、尚处于蛹阶段的幼年后代。之后，打劫者会将俘虏养大作为奴隶以充实自身的劳动力大军。在极端的案例中，奴隶制造者就像年老的斯巴达勇士一样，完全依赖于奴隶的日常劳动。这样的欺骗行为取决于蚂蚁的共有特征：当工蚁从蛹中孵化出来以成年蚂蚁的姿态来到这个世界的前几天里，会对周围巢穴的气味形成固化认知。从那时开始一直到生命的终结，俘虏们都会将奴隶制造者视为亲姐妹，永远看不到压迫者的真实面目。

这些蚂蚁中的奴隶制造者是生性残暴的战士，有些长有强大的镰刀形下颚，用来杀死或弄残目标巢穴中的防卫者。我研究过的一个物种通过“宣传”物质也获得了同样的效果。在袭击过程中，打劫者会释放出大量化学物质。防御者会将这些物质视作警示信号，于是，被围困的工蚁立刻陷入恐慌状态，就像一群人突然听到从四面八方传来的火警的尖锐鸣笛一样。而打劫者根本不会受到干扰，它们只会被自身信息素的气味所吸引。

如果没有俘获奴隶，奴隶制造者会怎样呢？一天，为了寻找这个问题的答案，我决定将实验室中奴隶制造者巢穴中的所有奴隶都移除。这些战士之前毫无劳动经验，现在只剩自己，于是只能开始尝试去做奴隶的工作。但它们表现得很差，照顾孩子时也是毫无头绪。它们会将幼虫和蛹拾起来，抱着四处走一会儿，然后将孩子放到错误的地方。它们也没有办法将食物带回到巢穴中来，就算我将饼干屑放在巢穴入口处都无济于事。如果种类繁多的奴隶制造者蚂蚁从它们栖息的诸多生态系统中消失会发生什么？我不得而知。寄生生物的影响本身就是一个内容庞杂的学科。

大型杀手 博物学家在对之前不为人所知的物种进行首次研究时，总会被震惊得目瞪口呆。举例来说，每当想到动物界普遍存在的捕猎现象时，博物学家会倾向于认为，要么捕猎者和猎物的体型差不多，要么捕猎者比猎物的体型大很多。但是，例外情况还是存在的，如鸟类会啄食大型昆虫，一群狼可以击垮深陷雪地的驼鹿，狮子凭借骄傲的气焰也能时不时打败大象。尽管如此，但捕猎者和猎物之间的体重差距一般不会超过 10 倍。

只有在蚂蚁中才能找到例外情况。其中最富戏剧色彩的就是南美洲的阿兹特克蚁（Azteca andreae）。这种蚂蚁生活在南美雨林中一种叫作扁柏（Cecropia obtusa）的阔叶树上。在一片扁柏的树叶边缘下端，会有多达 8 000 只工蚁，它们往往会肩并肩列队而站。在那里，它们在大张下颚等待着，随时准备采取行动。当一只昆虫落到树叶上，伏兵就会从四面八方奔涌而至，将猎物按在原地。这种捕猎方法意味着，任何体型的昆虫猎物都能被蚂蚁捕获。研究人员解救出了其中一只猎物，他们测量之后发现，猎物的体重相当于一只工蚁的 13 350 倍。这种神奇的创新型捕猎手法就像早期人类捕获猛犸象时所运用的手法一样，在自然界中实为罕见。

前面讲述的有关物种互动的几个案例都非常特别。之所以选了这几个例子，我也有着自己的目的。首先是为了吸引读者的注意力，毕竟昆虫并非每个人都喜欢的动物。昆虫也反映出生态系统研究之中的一条重要原则。请读者在具有现实可能性的范围内（比如，没有哪种动物可以每小时跑 160 公里，也不可能消化铁矿石），想象地球上可能进化出来的任何一个小型栖息地。地球上数以百万计的物种之中，可能会有一种或几种以你想象出来的栖息地为家园。将这一原则从物种推演到生态系统，最经典的描述莫过于达尔文在《物种起源》最后一段所发出的感叹：

> 一件很有意思的事就是，我们可以想象一处杂草丛生的河堤上面，覆盖着许多种类的植物。鸟儿在灌木丛中歌唱，各种昆虫飞来飞去，蠕虫在潮湿的泥土中爬行。细细想来，这些精妙的结构和生命形式彼此迥异，以如此复杂的方式相互依存。而它们都是由我们周围无所不在的生命法则制造出来的产品。

那些认为自然界主要由植物和大型脊椎动物构成的人们，需要将目光转向负责经营整个地球的小型生物。那些认为通过构建出包含几个物种的数学模型就能彻底了解生态系统运转的人们，其实是生活在梦幻世界中。而对那些认为已遭到破坏的生态系统能够自我修复，或是通过利用功能性外来物种替代原生的本土物种，就能安全有效地重建生态系统的人们，我想说，请在你动手开始破坏之前三思而后行。正如成功的医学仰仗于解剖学和生理学知识，自然保护学需要依赖于分类学和自然史知识。

HALF-
EARTH

Our Planet's Fight for Life

13

迥异的水下世界

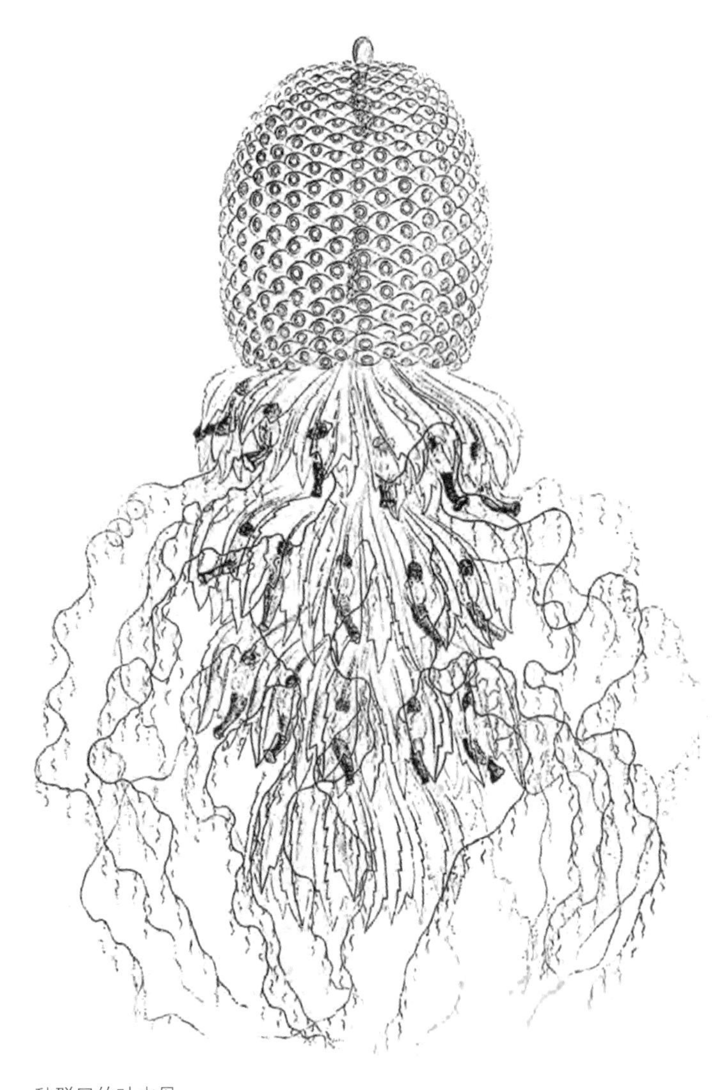

一种群居的叶水母。

本图修改自欧内斯特·黑克尔（Ernst Haecked）1873—1876 的作品。

13
迥异的水下世界

地球将资源投入了两个完全不同的生命世界，两类大相径庭的生态系统。这两个世界中基本的生物多样性层级都是一样的，即从生态系统到物种再到基因，两者也都面临着同样的灭绝威胁。但除此之外其他所有的一切都有着天壤之别。

为了将这一观点解释清楚，我希望能引领读者踏上一段简短的旅程，请与我一同来到海洋的边缘。海洋周遭的环境与大地和蓝天相去甚远，仿佛是在另一颗星球之上。如果不带任何生命支持装备潜入海中，人类就会在 10 分钟之内死去。广袤的海底世界鲜少有人类造访，更没有人细致地观察过。

由此，大部分海洋世界都是脱离于人类世的诸多事件而存在的。但是，在21世纪早期的几年之间，事态正在迅速变化。人类已经将触手伸到了海洋的最远处、最底层，特别是那些能找到食物和其他资源并从中获利的地方。我们的生态足迹正在不断扩张：海水不断变暖、酸化，珊瑚礁不断消失、几近灭绝，有些地方甚至被人们永久性地摧毁了。公海常常遭到过度捕捞，海底拖网捕捞使海底世界只剩下贫瘠的泥沙，受污染的河流三角洲在海底上方弥散形成死亡区域。

尽管如此，大部分海洋生物多样性还是保留了下来。许多物种的种群规模缩小了，地理覆盖范围变窄了，但并没有几个物种被逼到最终灭绝的下场。海洋之中还是有地方可供物种相互依存，形成健康的生态系统。海洋中的大部分地方依然完好无损，处于早期开发阶段。

我们从海滩开始讲起。不妨想象一下，退潮时，你正站在拍岸浪区潮湿的细沙上，看着一波波的细浪在周围涌动，一会儿淹没你的双脚，将脚下的沙子卷出，一会儿又在脚面上将沙子垒起。接着，让我们开动生物学思维。拍岸浪区乍看来似乎毫无生命迹象，只有水和被水洗净的土壤。但事实恰恰相反，这里是许多无脊椎动物的家园，而且只能在这里找到它们的踪迹。从体型上来看，大个头的有子弹形状的蝼蛄虾（沙虱，身形和拇指大小相仿），其他大部分则是裸眼几乎看不到的小生物。

如此简单的栖息地之中生活着小型底栖生物群落。这个群落有许多奇怪之处，不仅仅在于其中所包含的物种，更在于这些物种所代表的许多更高层级的分类学类别。在陆地上，如果你走到森林的边缘，仔细识别此处的动物生物多样性，很可能会发现以下7门动物的代表：脊椎动物门（鸟类、哺乳类、两栖类）、节肢动物门（昆虫、蜘蛛、螨类、千足虫、百足虫、甲壳类）、软体动物门（蜗牛、蛞蝓）、环节动物门（蚯蚓）、线虫动物门（圆线虫）、缓步动物门（水熊虫），以及轮虫动物门（轮虫）。

而在拍岸浪区的沙粒之间，你能找到的门类是上述区域的两倍，这可能会让你不禁一遍又一遍地低呼“上帝”，其中包括内肛动物门、腹毛动物门、颚胃动物门、动吻动物门、线虫动物门、纽形动物门、曳鳃动物门、星虫动物门，以及缓步动物门。除此之外，还有更常见的软体动物门、多毛类蠕虫、轮虫动物和甲壳类动物。小型底栖生物中较为常见的体型是蠕虫状的，因为这样的体型有益于在排列紧密的沙粒中迅速移动。它们总是滑行着进食，滑行着躲避捕猎者的追击，滑行着交配和繁殖。

针对小型底栖动物群落及其在世界各地海岸线生态系统中所处位置的研究尚处于早期阶段，这些物种之间的诸多互动方式在学术界依然是个空白。生活在地球上最具活力生态系统之中的这些古怪居民是生物界中的重要组成部分。虽然小型底栖动物可能只生活在宽度为 1 公里的狭长栖息地，但地球海岸线的总长度是 573 000 公里，基本上相当于从地球到月球的距离。假设小型底栖动物栖息地的长度与此相同，平均宽度为 1 公里，那么其总面积与德国的领土面积一样大。

我们继续下一个话题，来讲讲为人所熟知的海中珊瑚礁。因为珊瑚礁的结构精妙复杂，生物多样性异常丰沛，所以常被称为海中雨林。在这里，我们会找到水漂生物的家园。这是一处完全不同的栖息地，就连许多海洋生物学家都不熟悉。在空气与海水接触形成表层张力的海面上，生活着一群专门居住于此的有机体。这些有机体的分布虽然稀稀落落，但在所有海域都能找到它们的身影。它们生活在由动物组织形成的漂浮小岛上，有鱼类和海鸟的尸体，也有藻类碎片，以及小到裸眼几乎看不见的黏液。

每一个这样的小岛上都居住着一群活生生的有机体。在小岛的“居民”中，总能找到许多种类的细菌，可能还有古生菌。古生菌与细菌十分相似，但两者在 DNA 上有着天壤之别。这些居民就像刚刚抵达一处真正海洋岛屿的植物和动物一样，在用尽所有营养物质之前，会在此蓬勃发展、生息繁衍。

在遍及全球的海洋和内陆海中，细菌和古生菌会乘着海水表面的碎屑前行，也会在水面之下漂浮游弋。那些自由移动的细菌和古生菌是通过光合作用获取物质和能量的。总体来看，结果是这样的：无论海水看起来如何像水晶般清澈透明，其中都充满了活跃的生命。

我是昆虫学家出身，对海洋昆虫的兴趣尤为浓厚。昆虫中有数以百万计的种类，由昆虫构成的喧嚣激荡的生物质主宰着陆地上的动物界。究竟有多少昆虫生活在海洋环境之中是个非常有意思的问题，而这个问题的答案是几乎为零。由此，就产生了一个令人百思不得其解的科学谜团。我自己在进行岛屿研究的过程中发现，海中红树林支柱根在水面以下的部分之中生活着一些毛虫。红树林是红树类中最靠近海洋的植物，也是全球覆盖范围最广的红树。但红树林这一临近陆地的栖息地，与珊瑚礁和深海区域还有着很远的距离。

在珊瑚礁和深海地区，除了海水表面以外，几乎找不到昆虫的身影，在海面上遇到奇怪的远航昆虫的概率是极小的。没有几位生物学家在远海的海面真正遇到过活生生的昆虫，我就没遇到过，林奈和达尔文则完全不知道这些昆虫的存在。在这里，全部的已知昆虫就只有水黾，这是一种半翅目昆虫，在溪流、池塘和湖泊等淡水水域很常见，它们的长腿能立于水面以跳跃的方式前行。淡水水黾以蚊子幼虫等其他昆虫为食，这些猎物也生活在水面或接近水面的地方。所有的海洋水黾都属于同一个海黾属。该属之中，目前只找到5个生活在海面上的物种。而关于它们捕食的猎物究竟是什么没有人知道。

生活在汪洋大海之上的海黾属的存在是个例外现象，也进一步深化了生物之谜。昆虫在陆地、池塘和其他淡水栖息地之中不断进化已有4亿年的历史。在此期间，它们的种群不断发展壮大，只要有植物的地方就能看到昆虫。在进化大潮一次又一次的洗礼中，数以百万计的昆虫物种得以进化和激增，而只有海黾属昆虫保持了在海面上屹立不倒的生存地位。据我所知，其他数以千计的无脊椎动物物种，诸如甲壳类动物、海蜘蛛和多毛类蠕虫，在它们所占据的那狭窄的栖息地中都找不到海黾属昆虫的身影。

著名古生物学家、昆虫生态学专家康拉德·拉班代拉（Conrad Labandeira）认为，世上不存在海洋昆虫，因为海中没有树木，也没有可供昆虫生息繁衍的多叶植被。也许他说的没错，但在海洋的浅水区域存在着丰沛的分层植被，比如太平洋沿岸的海草林。而就连这样的栖息地都没有被昆虫占领，生存于其中的都是其他类型的无脊椎动物，它们纷纷扮演着捕猎者、寄生虫和清洁工的角色。

海洋之中的深海散射层存在着完全不同的动物群落。那里是另一个迥然不同的生物王国，蕴藏着诸多奇迹等待发掘。如果你从事远洋捕鱼的职业，没有将目标限于马林鱼、金枪鱼等大型鱼类物种，那么就会在夜间遇到数不尽的其他鱼类。夕阳西下之后，在鱿鱼和甲壳类动物的陪伴下，密密麻麻的大量鱼群会从 270 ~ 360 米的深度上浮到海水表层。白天时，这些动物都潜藏在黑暗的深海中。但是，深水赋予它们的保护是不够的，因为在更深层海水中活动的捕猎者依然能够凭借高处的光线看到这些动物的轮廓。作为第二重防御措施，有些物种会利用"反照"机制，即通过它们腹部的生物发光特性——自身组织或身体内部所携带的共生细菌来发光。反照光线与来自上方的阳光或月光的亮度相差无几，这样一来就使得发光动物更不易于被捕猎者发现。

在深海散射层，捕猎者与猎物之间的每一次互动、每一场角逐，都是进化军备竞赛，与生物学法则完全吻合。从这个角度来看，深海鲨鱼以及捕猎性的斧头鱼和耳乌贼，就将游戏水平提升到了新的高度：这些捕猎者的腹部也可以发光，能在接近猎物的时候发挥隐身作用。

深海散射层的发现本身已令人叹为观止，而不久之前，海洋生物学家在深海散射层又发现了另一个奇迹，即以此地为家的怪兽。1976 年，人们在夏威夷附近的深海区域发现了第一只大嘴鲨。到了 2014 年，有超过 50 只大嘴鲨被捕获或观察到。虽然大嘴鲨身长至少 5 米，体重高达 90 千克以上，但这个大块头并不会对人类构成威胁。它的嘴巴虽大，嘴里的牙齿却小得出奇,而且不管怎样都不会咬人。大嘴鲨捕食时会将嘴巴张大，像漏斗一样将小型甲壳类动物和其他浮游生物吞进去。此方法和其他对人无害的蝠鲼、鲸鲨、象鲨和长须鲸所用的捕食方法如出一辙。

乌云浓重的无月之夜尚有巨大的深海怪兽潜藏在船只之下，巡游过浩渺的海洋而从来没有被人们发现，那么，生活在这些大块头附近的小型生物还蕴藏着多少惊天秘密等待我们去发掘呢？这个问题一直在科学家的头脑中挥之不去。为了找到最隐密、最不为人所知的生命形式，科学家们已经开始更加彻底地去搜捕海洋微生物，其中一些已被证明是地球上目前已知的体型最小的有机体。

HALF-EARTH

Our Planet's Fight for Life

14 不可见的王国

生活在朽木树皮上的甲虫。

艾尔弗雷德·埃蒙德·布雷姆，1883—1884。

14
不可见的王国

21世纪初期，纽约探险家俱乐部的成员总觉得尚未被人登顶的山峰越来越少，尚未有人涉足的极地冰盖面积越来越小，尚未有人造访的亚马孙原始部落也所剩无几。2009 年，为了适应发展的节奏，他们决定将生物多样性纳入到俱乐部的纲要之中。事实证明，这是个明智的选择。对生物多样性的开拓，为科学家和探险家提供了地球上所能找到的最具挑战性的冒险经历。

值得注意的是，近期公众对生物多样性的关注，也促进了对栖息于人体内的“生物群落”的深入探究。随着技术的进步，人们已经能够以很快的速度完成微生物 DNA 测序，通过研究有人发现，每个健康的人类机体中都存在一系列主要由细菌组成的平衡的生态系统。就像存在于其他有机体之中的微生物居民一样，这些人体之中的细菌也对人类宿主十分友好。它们既能从人类身上获得利益，也能令人类通过自身的存在而受益，生物学家称之为“互惠共生”（mutualistic symbionts）。

在普通人的口腔中和食道中生活着500多个细菌物种。这些细菌通过构建起具有良好适应性的微生物雨林，来保护人体的这一部分免受有害寄生细菌物种的侵害。共生关系的失败会导致外来物种的入侵，造成牙菌斑、龋齿和牙龈疾病。

沿胃肠道向下走，以下的每一个部分都生活着其他一些特定的细菌群落。这些细菌在人体消化和排泄功能方面扮演着至关重要的角色。人体细胞的平均数量至少达到千亿级以上，根据多方估算，此数值在4 000亿左右。而人体之中细菌微生物共生群落的平均物种数量至少是该数值的10倍。微生物学家总是开玩笑说，如果生物分类学按有机体DNA占多数的原则进行分类，那么人类将被归到细菌一类之中。

由此可见，微生物共生群落的课题在医学研究和实践中拥有重要地位也就不足为奇了。在健康问题面前，研究人员越来越重视对共生菌作用的探索。最常见的是胃肠道方面的疾病，也包括肥胖、糖尿病、易感染体质，甚至还有某些精神疾病。微生物共生群落是一系列相互联结的生态系统，其中的物种既要多样化，也要保持平衡状态。简而言之，未来的医学实践工作很大程度上会成为某种形式的“细菌园艺学”。

人类和其他动物体内生长的“花园”，属于大自然中典型的复杂生态系统。从世界范围来看，居住在动物和植物中的微生物共生群落种类的总体数量完全不为人所知，但一定是巨大无比的。有位生物学家研究发现，生存于食木白蚁体内的微生物共生群落与食肉蚂蚁体内的群落有着天壤之别，更不用说和诸如青蛙、蚯蚓等差异更大的有机体相比了。毋庸置疑，以微生物共生群落所构成的生态系统为研究对象的共生微生物学，已经成为前景一片光明的前沿科学，也会在未来数十年保有重要地位。

微生物学作为一门学科，是由安东尼·列文虎克（Antonie van Leewenhoek）于 17 世纪晚期设立的。当时，他发明的显微镜已足够强大，可以看见细菌。但是，直到 400 年后，由美国的卡尔·伍兹（Carl Woese）领导的生物学家才首次发现与细菌十分相像的微生物——古生菌，其 DNA 与细菌有着非常大的区别。这一发现对“生命之树”的基本结构和人类对生命进化早期的理解形成了挑战。生命之树以分支图的形式表现了物种之间以及物种种群之间彼此存在的古老关系，并沿早期有机体种类不断促生新型物种的线索追踪进化过程。生命之树显示了某些物种如何在长则数百万年、短则数千年的发展历程中分化成为多个子物种，而其他一些物种则始终保持未分化状态。

在伍兹及其同事取得重大研究成果之前，学界将标准分类总结为五大“界”：无核界（由细菌和古生菌组成）、原生生物界（草履虫、阿米巴虫及许多其他单细胞有机体）、真菌界、植物界以及动物界。伍兹之后出现了生命形式的三大“域”：细菌域，不存在明显细胞核的微生物；古生菌域，与细菌结构相似，也缺少细胞核的新近定义特征；真核域，即拥有细胞核的有机体，包括所有其他已知生命形式，如原生生物、真菌、动物、藻类和植物。DNA 对比研究揭示，虽然真核生物大都体型较大，我们能看到和留意到的有机体基本都属于此类，但细菌和古生菌在数量上和全球分布上占有绝对优势，和生命起源之时的情形无异。

微生物可以创造、沉积金属物质，分解并分泌有机化学物质，从而影响植物的生长。微生物无处不在，它们以集体的力量时刻准备着清除有毒废料，同时也捕捉并收集阳光带来的能量，将水与碳合为一体。它们统治着食物链的底层。一言以蔽之，正如生物学家罗伯特·科尔伯特（Roberto Kolter）对生物界下的结论一样，“我们的星球是由一个看不见的世界所塑造的”。

微生物世界中的遗传多样性与其他生命形式迥然不同。从 DNA 测序的角度来看，人类和土豆的相似性远远大于差异最悬殊的细菌物种之间的相似性。生物学家并不知道地球上究竟有多少种类的细菌。可能是数千万种，也可能是数亿种。目前，学界甚至连对细菌和古生菌物种的精确定义都没有。而且，有机体个体之间还存在乱交现象，这令问题进一步复杂化了。细菌细胞能以多种方式从其他细胞那里得到基因，无论是否存在近亲关系。它们是通过从环境中收集 DNA 碎片来完成这一富有高科技色彩的绝招的。细菌细胞采用的方法是在逆转录病毒将 DNA 转运到病毒宿主（即更大型的有机体细胞）的过程中，偷偷摸摸地窃取 DNA 片段。最后，通过参与细胞接合过程将自身 DNA 与类似片段进行交换。

就连细菌多样性的地理分布都与植物和动物有着根本性的不同。1934 年，先锋生态学家巴斯·贝金（Bass Becking）首次提出一个理论：“每样事物都存在于每个地方，但环境会进行选择。”意思是说，很大一部分遗传形式或与之非常相似的某些事物，会出现在全球各个地方，但大多数都会在大部分时间里处于蛰伏状态。许多类型的细菌都以这样或那样的方式遵从这一准则。它们形成了微生物种子库，其中的每一个物种只有在环境变化到适合其 DNA 内在偏好时才会开始繁殖。当出现适合的酸度、营养物质及温度时，沉睡的细胞就会醒来。种子库存在于陆地和水底的各个地方。只有跨越遥远的距离，穿越陆地和海洋，才能看到遗传差异。这一点类似于传统动植物的物种结构。

随着 DNA 技术的进展，对细菌和其他微观生命形式的发现速度也在不断提高。有些微生物藏身于众目睽睽之下，虽然数量充裕，暴露在外，但由于个体太小，用传统光学显微镜根本看不到。因此，针对微生物群落进行的标准筛查很容易将这些微小的生命忽略掉。

截至目前，人们发现的这类小个头有机体中，最重要的一种可能就是原绿球藻属（Prochlorococcus）细菌了。虽然学界直到 1988 年才认定其存在，但原绿球藻却一点儿都不罕见。事实上，它们是全世界热带和亚热带海洋中最为丰富的有机体。它们的生活区域可深达水下 200 米，在如此之深的水下，密度还高达每毫升 10 万个以上。这些微小的细胞也是通过光合作用，凭借阳光提供的能量存活，其总量占从北纬 40° 到南纬 40° 之间公海区域内光合作用有机体生物质总量的 20%~40%，占据了其所在地净初级生物质的 50% 以上。由此可见，**在温暖的海洋水域，看不见的生命为看得见的生命提供了必不可少的支持。**

然而，如果原绿球藻和充沛量排名第二的细菌远洋杆菌（Pelagibacter）是数量最多的常规有机体，那么它们会不会成为体型更小的病毒的猎物呢？以前专家们一直认为，这种微型捕猎者是相对罕见的。但在 2013 年，飞速发展的超纤维研究领域提供了新的研究方法。相关研究揭示出，平均每升海水中存有几十亿个病毒。所有这些病毒都是噬菌体（字面意思，即“以细菌为食者”）。其中，汉他病毒（HTVCoioP）是数量最多的。由于病毒依靠宿主的分子机械机制来进行繁殖，因此关于病毒是否为真正的有机体这一话题在生物学家之间存有争议。但如果将汉他病毒划归为有机体，那么它一定会被公认为地球上已知的个体数量最为丰富的物种。

故事还没讲完。虽然以阳光为生的原绿球藻属细菌及其噬菌体捕猎者是海洋中已知物质之中的一大部分，但还有一部分尚未被发现的由食腐有机体和捕猎者组成的“暗物质”，与前者保持着平衡。这些“暗物质”也是常规显微镜观察不到的，扮演“暗物质”角色的是一群最大直径只有两三微米的皮米红藻植物（picobiliphytes，暂译）。2013 年，科学家针对其中的一种进行了充分而细致的研究，并将其认定为一个全新的“动物门”，命名为“皮米微动物门”（picozoa，暂译）。这些几乎小到不存在的生物以胶质体的碎片为食，通过前后摆动鞭毛在水中一动一停地前进。科学家针对其中的几个物种进行了深入研究。解剖过程中人们发现，这种生物在微生物界是独一无二的。它的身体是矩形的，进食器官占据了整个身体的一半，并将其余全部细胞器都挤到了剩下的一半之中。

科学家对海洋的探索正在日益深入。穿过光线散射层，深入到冰冷漆黑、压力巨大的深海，研究人员发现，这里有着另一个完全不同的世界，生活着一群完全不同的鱼类、无脊椎动物和微生物。每个物种都只能在一路进化而来的特定海水深度中生息繁衍。

再往下，就会恍然间来到海底。那里幽暗漆黑，生活着一群深海底栖生物。有人可能会想当然地认为，在这片远离光合作用，深达数千米的海底，在这片空无一物的淤泥平原上，生命迹象肯定微乎其微。但事实恰恰相反。深海之中生机盎然。这片狩猎区的主角不是植物，也不是光合细菌，而是食腐生物。每一具遗骸、每一片骨头和肉、每一块零星碎屑，只要能逃过水域上方的毒蛇鱼、宽咽鱼和其他捕猎鱼类的法眼，就会被海底的这些有机体通通吞掉。

这些海底食客包括一些种类独特的鱼类、无脊椎动物和细菌。它们齐聚在一起，等待着“天上”掉下腐烂的“馅饼”。它们是生活在汪洋大海中最底层的一批食腐生物、食腐生物的捕猎者，以及食腐生物捕猎者的捕猎者。食物非常稀缺，但生态系统依然生生不息，因为生活在这里的所有居民都拥有超强的嗅觉。它们能搜寻到每一块食物颗粒散发出来的极其细微的气味踪迹，即使水域处于相对静止的状态都不在话下。

我们可以试着想象一下一艘在大海中沉没的木船的命运。沉入海底不久，蛀船蛤科类就会闻风而至，固定在其表面。蛀船蛤表面看起来与蠕虫无异，但并非蠕虫，而是从遗传学上看最接近藤壶的软体动物。这些“海中白蚁”以木头为食，它们会在这条木船上啃食出一条条隧道。

现在，我们再来想象一块掉落海底的肉。几分钟之内，就会有深海盲鳗等鱼类赶来对肉块发起猛烈攻势。随后，食腐无脊椎动物也会跟着到来，用不了多久，细菌也会现身。很快，就只剩下零星的有机颗粒在冰块一般静止的水域中四散而去。

余下的任何一点点木头和肉都是食腐无脊椎动物和细菌的目标。如果从人类的角度去评选“最奇特”生物，那么我会投票给食骨蠕虫（Osedax worms）。食骨蠕虫以掉落到海底的鲸鱼尸骨之中的脂肪为食。这样的食物选择已经很不寻常了，而其进食的方式更是让人难以置信。雌性食骨蠕虫的大小与人类的手指相仿，既没有嘴，也没有内脏。它们会随身携带共生细菌穿入骨中，这些微生物伙伴会对脂肪进行新陈代谢，与蠕虫宿主共享生成的物质和能量。

而雄性食骨蠕虫更是奇怪。外表酷似蛆虫的雄性食骨蠕虫体型只有 1/3 毫米长，大小相当于在你手心用钢笔尖点出的一个小点。100 多只雄性食骨蠕虫会聚集成一团借住在一只雌性食骨蠕虫的外皮之下，以雌性所产的卵黄为食。换句话说，就是以它们未来的兄弟姐妹为食。食骨蠕虫所占据的栖息地并不像想象之中那么稀缺。据估计，在地球的海床上有着约 60 万具鲸鱼骨骼。

古怪的食骨蠕虫已足以让我们啧啧称奇，但前方还有更加值得一看的奇迹。在海底更深处还有另一类生命形式。在海底表层之下，穿越底栖生物的地盘，生命依然在蓬勃滋长。这些生命占据着深层地表之下的土壤和岩石，形成了一层包裹着整个地球的“深部生物圈”（Deep Biosphere）。这里的居民基本都是微生物，绝大部分是细菌和与细菌十分相像的古生菌。在海底表面半公里以下的深处，每立方厘米就有 100 万个细菌和古生菌细胞存在。如果以这样的密度遍及全世界，那就意味着海洋深部生物圈之中的微生物占据了全球所有微生物的一半以上。这些微生物的生物质和生活在地球表面的所有光合植物的生物质处在同一数量级。

如果上述估计具有一定的正确性，那么深部生物圈的存在就需要我们彻底改变现有观点，重新去审视微生物物种和由微生物组成的生态系统。也许，在海底一米之下的位置生活的微生物和散落其间的零星的无脊椎动物，也属于上方水域和陆地碳循环的一部分。它们的能量来自由太阳能创造出来的有机体的残骸。但在更深处的深部生物圈中，这种关联就逐渐弱化了，被经由另一种方式得到的化学能量所替代，这种方式就是地质化学过程，即从土壤和岩石中的非有机物质处获得能量。

人类在深达地球表面以下 2.8 公里处依然能找到这些微生物的身影，具体地点是南非约翰内斯堡附近的姆波能金矿（Mponeng Gold Mine）。在那个终年气温高达 60℃，既没有光线又没有氧气的地方，生活着新近被发现的物种金矿菌（Desulforudis audaxviator）。这种细菌依靠对周围非有机环境之中的硫酸盐进行还原，并对碳氢进行结合得以生存。由于地表之下的温度会随深度的增加而升高，金矿菌是目前已知的生存于该深度的唯一物种。它的栖息地标志着地球生命的内部界限。

那么，更加复杂的多细胞生命形式在深部生物圈中又是如何存在的呢？在笔者撰写这本书时，研究人员在深部生物圈的下层发现了一种以微生物为食的线虫。很可能在不久的将来，人们还会发现更多此类无脊椎动物，它们的踪迹证实那里存在着相当可观的生物多样性。

独立生命层的存在令人不禁想到《世界末日》的科幻片以及随之而来的世界末日。如果人类这个自封的“地球之王”不小心放了一把大火，将地球表面烧成灰烬，或是某颗巨大的小行星撞击地球，将生存于地球表面的全部有机体消灭殆尽，生命依然可以在地球的深部生物圈中继续存在下去。在那里，微生物和无脊椎捕猎者将会生息繁衍，在那黑暗的避难所里得到层层保护，对外界毫不关心。它们从岩石中获取能量和物质，可以忍耐高温的侵袭。也许，经过数亿年的进化，它们最终会来到地表，衍生出各种多细胞有机体，随后说不定还会出现人类级别的后生动物[①]。由此，**伟大的宇宙循环会再一次为地球注入智慧的契机。**

---

① 后生动物是指除原生动物外所有其他动物的总称。——编者注

HALF-EARTH

Our Planet's Fight for Life

15

生物多样性最佳地点

欧洲森林中的两只扇尾沙雉。

艾尔弗雷德·埃蒙德·布雷姆，1883—1884。

15

生物多样性最佳地点

生活在城市或人口密集的农村地区的人们总会想当然地认为，整个世界都是由人类主宰的。极端的人类世世界观认为，对剩下的大自然进行重建令其服务于人类，比维护大自然保持其原状不受影响要更符合逻辑。人类世的倡导者则不明白，为什么要将空间和资源贡献给一个不复存在的使命？自然界已经遭到了严重的破坏，已经没有回头路可走，原始栖息地早已不复存在。我们要对这种失败主义观点保持清醒的态度。正如约翰·斯图尔特·米尔（John Stuart Mill）所言，当大地已无可猎之物，攻守双方都将无用武之地。

博物学家和群体生物学家是从完全不同的角度观察世界的。上述两种观点确实是南辕北辙。而如果人类将太多的地球环境投入到我们这个物种的需求和享乐之中，那我们就将没有回头路可走。一个塞满了人类的地球就如同一艘宇宙飞船，完全依靠人类未来的智慧来决定所有生命的生死存亡。这不仅是其他生命形式的灾难，也将给我们自身的长期生存带来极大的风险。

环保组织也未能逃脱人类世世界观的影响。最近，美国大自然保护协会发表的年度报告就表现出了这种令人忧虑的思想转折。大自然保护协会致力于自然保护区的建设和维护，是最受人尊敬的非政府组织之一。在大自然保护协会的努力下，已有数百万英亩的土地被划为永久保护区。这项工作还会坚定不移地继续下去，却表现出与以往不同的侧重点。如今，大自然保护协会的中心议题是“大自然能为人类和经济发展做出的贡献”，而生物多样性的话题则消失不见了。

举例来说，2013 年大自然保护协会年度报告的封面图片就充分显示出这种令人担忧的趋势。这张图片是一幅摄影作品，画面上是一个骑在马背上、面带微笑的蒙古男孩正在放羊，他的身后是一片一直绵延到天际的平坦草原。此幅照片中体现的全部生物多样性只有 4 个有机体物种：人类、两种家畜及一种植物。年度报告正文之中的许多照片和组图都在表现人类、人类的居住地和人类驯养的家畜。其中一幅是大象，另一幅是企鹅，第三幅是沙丘鹤，第四幅是挂在阿拉斯加烟熏房里的三文鱼肉条。烟熏三文鱼对人类的用途简直不言自明。

相比之下，经验丰富的博物学家和环保生物学家将关注点放在地球上其他的 200 万种已知物种，以及超过 600 万种尚未被发现的物种上。健康的生态圈对经济发展发挥着积极影响。我们也相信，公众、商业人士和政治领导人一定会加入我们的队伍，意识到生命世界的重要性。**生命世界独立于人类的道德使命，对于人类的繁荣发展来说，生命世界扮演着至关重要的角色。**

生物多样性研究明确告诉我们，遍布于陆地和海洋中的无数自然生态系统中的物种多样性正面临威胁。对相关数据进行过深入翔实研究的人士都认为，将物种灭绝速度提升到前人类时期 1 000 倍的人类活动，将会把依然存活于 21 世纪的所有物种之中的一半推向灭绝或灭绝的边缘。然而，世界各地依然零星散落着许多生物多样性的贮藏区域，有的只有几英亩大，有的面积则超过数千平方公里。那些地方蕴含着原始的荒野气息。几乎所有这些最后剩下的自然生存环境，都面临某种程度的威胁。但如果活在今天的人们愿意为这些生命去采取行动、付诸努力，其实我们是可以为子孙后代保护住这些生物多样性的。

将全球自然保护行动扩展开来的承诺已经许下，为了记录下这一重要时刻，我给全世界最德高望重的 18 位博物学家寄去了信函，他们中的每一位都拥有生物多样性和生态学的国际经验和专长。我在信中询问了他们关于最佳保护区的意见和建议，这些保护区中汇集着独特而珍贵的动植物和微生物物种。在此转述一小段信中的呼吁：

> 我们有必要从博物学家的经历和知识出发，对真实世界和生物多样性进行介绍和讲解。这些内容能够驳斥那些鼓吹灭绝物种复活的狂热分子、认为大自然已经死亡的失败主义者以及持各式各样意识形态的人类世主义者。全球生物多样性保护工作应由那些对其了解最为透彻的人士进行评判和领导。而且，我们需要在此基础之上大幅加强工作力度。
>
> 呼吁如下：请在世界范围内选出1~5个地方，这些地方是你认为生物多样性最为丰富、最为独特、最值得研究和保护的地点。换句话说，就是你最关注的地方，亦可将选择的原因告诉我。

“生物多样性最佳地点”是极具个人色彩、极为主观的选择。这些地方不同于20世纪80年代由英国生态学家诺曼·迈尔斯（Norman Myers）等人提出的全球生物多样性“热点”地带，虽然两者之间可能存在很多重叠。热点地区的选择是基于面临最大危险的大量物种可以通过对其栖息地进行保护而拯救下来这一前提。我和顾问团都意识到，“最佳地点”名录可以是目标数量的几倍之多，而且目标数量的规模已经涵盖了理想地点之中的最佳选择。我们都认为，虽然灭绝速度依然在不断攀升，但地球生物多样性中的很大一部分依然是可以得到拯救的。

入选最佳地点

北美洲

加州红杉林 作家兼生物多样性专家马克·莫菲特（Mark Moffett）提出："加州植物区系之中最异乎寻常的生态系统，是一个物种多样性的热点地带。我与在当地工作的研究人员一同爬上了红杉树，那些树木巨大的树冠令人惊叹。从生态学角度来看，这些树木是如此富饶，在地面上找不到的小型树丛竟然可以生长在红杉树巨大枝丫上多年累积的土壤中。"事实上，成熟的红杉林已创造出一种全新的、几乎未经探索的生命层级。那里的物种十分罕见，有些在其他地方根本无迹可寻。科学家和探险家可以在树上扎营，沉醉于这种直指云霄的巨大树木及其神话般的世界之中。

美国南部的长叶松草原 越来越多的科学家和作家都将目光转向了这一看似普通、实则极为富饶而复杂的生态系统。长叶松林曾一度占据从卡罗来纳州到得克萨斯州东部60%的面积，适应于频繁发生的雷击地表火。此处地面植被的丰茂程度在北美地区数一数二，1万平方米之内就能找到多达 50 种草本和灌木物种。长叶松林中四散在各处的猪笼草沼泽的富饶程度也在全世界排在前面。1 平方米之内就能找到 50 种细茎植物。过去 150 年间，长叶松几乎被人类砍伐殆尽，而今又得到了复原，以保护地面上那些经历了长叶松暂时消失而依然存活下来的动植物。我儿时就经常在稀稀落落的长叶松之中，在流淌着无数河流和小溪的涝原森林里四处徜徉。

玛德利安山脉松树与橡树混生林地 崎岖巍峨的墨西哥玛德利安山脉和美国西南部“天空岛”的高海拔地带，遍布着环境干燥、树形低矮的松树和橡树林。墨西哥本土物种里有 1/4 都生活在这片古老的林地中，其中许多物种是在其他地方找不到的。墨西哥米却肯州（Michoacán）的松林是来自美国的帝王蝶过冬的地方，并因此而享誉世界。林地的一个最为重要的作用就是打通美国、墨西哥高原和中美洲科迪勒拉山脉之间的走廊，允许物种沿南北方向进行扩张。创造出与此相同或相仿的栖息地走廊，是削弱气候变化对生物多样性产生影响的一种方式。

西印度群岛

古巴和伊斯帕尼奥拉岛 大安的列斯群岛中的这两座最大的岛屿蕴藏着繁茂的动植物群落，是全部西印度群岛生物多样性的重要组成部分。从根源上讲，生活在这里的动植物与中美洲的动植物有着天然的密切关系，因为大安的列斯群岛大陆板块就是在数千万年之前的大陆漂移过程中，从中南美洲大陆板块上分离出来的。长期的隔离使得岛上产生了大量的独有物种，在世界其他任何地方都找不到。比如食虫哺乳动物沟齿鼩类物种就是从岛屿最早形成之时保存至今的残遗种。

岛上的其他生物则是适应性辐射的产物。有少数几种殖民物种在刚登上岛时发现在这里碰到的天敌更少，栖息地更为开阔。这样的生存环境使得某些个体物种扩散成了一群物种，而其中的每一个物种如今都占据着各自的小型栖息地。最典型的例子就是千姿百态的变色龙，还有闪烁着蓝绿色金属光泽的奇特蚂蚁。记得有一次我在古巴中部坎布雷山脉考察时同时看到了两种蚂蚁，一种是在岩石裂缝中筑巢的，散发着绿色金属光芒的蚂蚁，还有一种是在低矮灌木丛中觅食的通体闪着金光的蚂蚁。除了这些丰茂的动植物群落之外，古巴和附近的多米尼加共和国都拥有未经人类开发的海岸线，那里有着完好无损的珊瑚礁。

中南美洲

亚马孙河盆地 亚马孙河盆地分布着无尽的生态系统，是全世界最大的排水系统，也蕴藏着面积最大的雨林和最具生态多样性的热带大草原。这里流淌着 15 000 条亚马孙河的一级和二级支流，占地面积达 750 万平方公里，是大陆面积的 40%。如果将安第斯山脉的上游包括在内，那么这里的生物多样性就堪称世界之最。亚马孙河的主流起源于秘鲁安第斯山脉之中的高山溪流。河水的平均流速是每小时 2.4 公里，平均深度超过 45.7 米，每天，河水通过宽达 402 公里的三角洲河口可以将 30 万亿升水汇入大海。亚马孙河的排水速度是密西西比河的 11 倍，是尼罗河的 60 倍。若将亚马孙河所有的支流都加总在一起，便囊括了多样性极为壮观的鱼类和其他淡水动植物。雨季时，覆盖河堤的涝原森林的地面和树干下部都淹没于水中。涝原森林与内陆雨林如同一座巨大的贮藏装置，装满了生物多样性异常丰富的动植物。

圭亚那地盾带 如今，圭亚那和苏里南这两个小国，再加上临近的法属圭亚那，仍然有 70%～90% 的面积被原始雨林覆盖。这里的雨林与亚马孙相关联，同时又具有自身的鲜明特征。这里的动植物极为丰沛，依然是全世界最少有人类涉足的一片土地。

德布伊斯高地 由许多平台状的山顶构成的山峦是威尔斯（H.G. Wells）和好莱坞想象之中的“失落世界”。这些位于委内瑞拉和圭亚那西部的山峰由古老的石英净砂岩块构成。巨大的岩块在雨林之中直耸云霄。那些相对平坦的山顶海拔为 1 000~3 000 米不等。这里有着自成一体的世界，山顶的天气与低海拔位置非常不同，地面怪石嶙峋，瀑布随处可见（天使瀑布是全世界海拔最高的瀑布），动植物种类也和下方低地以及其他山峦上的物种完全不同。

秘鲁的大玛努地区 著名热带生物学家亚德里安·福赛思(Adrian Forsyth）一语道破了这里的神奇之处：“在这里，全世界最大的赤道冰块如皇冠般坐落在雄伟的阿桑盖特山顶，高耸入云。下方是岩石山坡和山间草原，再往下就到了无路可寻的雨林，而后则是无人涉足的苔藓森林。站在马德雷德迪奥斯（Madre de Dios）的亚马孙低地上一眼望去，整幅画面如同压缩过的全景画一样，一股脑映入眼帘。”河流北部有着地球上最为密集的生物多样性，包括全部的新世界大型哺乳动物。这里1平方公里的面积中存在的青蛙物种数量与遍及整个北美大陆的全部青蛙物种总和相等。1平方公里的面积里能找到的鸟类和蝴蝶数量，是遍及北美大陆的全部鸟类和蝴蝶物种总和的两倍之多。向北不远处就是厄瓜多尔著名的亚苏尼国家公园，这里同样以物种多样性密集著称。

中美洲和安第斯山脉北部的云雾森林 从气候和生物多样性角度来看，这里凉爽多雨的环境与下面的低地森林完全不同。许多地方都尚无人类涉足，蕴藏着大量未知物种。生活在这里的尖吻浣熊是一个世纪以来首次发现的大型食肉哺乳动物。尖吻浣熊的发现代表着深藏于这里的巨大的未知和可能性。

高寒带 南美洲海拔高达2 800~4 700米的草原区有着许多独特的草本和木本植物。同时，这里还有一个鲜明特点就是生活于此的新物种的进化速度很快。原因可能在于碎片化的山顶环境导致气候波动较大。虽然每一座山的山顶与低地雨林之间不过几千米的距离，但从实体环境和生物学角度讲，却是一个完全不同的世界。那里的植被十分独特，因面积较小也使得生物多样性格外脆弱。

南美洲大西洋森林 葡萄牙语将这里称为大西洋雨林（Mata Atlântica）。历史上，这里的生态系统曾异常富饶，而现在已大幅缩水。大西洋森林的位置沿巴西大西洋海岸，从北部的北大河州（Rio Granade do Norte）一直扩展到南部的南大河州，还有一小部分延伸到了巴拉圭和阿根廷。换句话说，就是从巴西的“鼻子”部位延伸到巴拉圭的东南部。其宽泛的纬度覆盖区域和当地差异巨大的降水量令生态系统也变化万千，从热带到亚热带森林，既有潮湿地带，也有干旱地带，还有灌木丛林和草原。这里生活着众多珍稀而独特的动物，包括马克·莫菲特口中的“最原始的豪猪；会跳舞的小岩蛙和食果蛙；仅存的几只阿拉戈盔嘴雉活体样本，现在生活在两位鸟类爱好者的私人土地上；最大的新世界灵长类动物绒毛蛛猴；所有灵长类动物中色彩最为鲜艳的金狮绢毛猴；生活在大凯马达岛上的金枪头洞蛇，这座岛上的蛇类密度是全世界最高的（不用怕，没有人生活在这座‘蛇岛’上）。”

巴西塞拉多 塞拉多覆盖了巴西中东部的大部分地区，是南美洲最大的热带草原，也是全世界这类热带栖息地中生物多样性最为丰富的地区。之所以拥有如此奢侈而丰富的生命形式，是因为此处拥有众多斑驳陆离、界限分明的生态系统，如典型的开阔草原，其间点缀着零星的矮树林；一块块树形高大、雨林般的林地；还有河流边枝叶繁茂的长廊林。不幸的是，从生物多样性角度来看，这里的土壤也非常适合农作物生长。塞拉多这片动植物栖息地正在被人为清除，而且几乎没有任何保护区建设规划。

潘塔纳尔 这里是全世界最大的湿地之一，大部分位于巴西南部，一小部分延伸到了玻利维亚。雨季时，巨大的洪水在平原上泛滥，有80% 的陆地面积都位于水下。这里终年生活着种类繁多的水鸟和昆虫，还有美洲豹、水豚和其他一些富有魅力的大型哺乳动物，包括大量与鳄鱼十分相像的凯门鳄。虽然潘塔纳尔被认定为世界遗产地，也越来越受游客的青睐，但此地仍然进行着大量的农业和畜牧业活动。

加拉帕戈斯群岛 这处赤道群岛位于厄瓜多尔大陆以西 926 公里处，因达尔文于 1835 年在此地逗留了 5 周之久而拥有了标志性的地位。在返程途中，达尔文注意到这里每个岛屿上的地雀都不相同。这样的发现令他产生了进化论的构想。而加拉帕戈斯群岛之所以特别还有另外一个原因：当初仅有的几种跨越大洋来到此地的物种已进化成为多个物种，适应了当地贫瘠的火山地貌。巨龟、海鬣蜥、长成树状的向日葵科植物、从单一祖先进化而成的 6 种不同雀类等，令这处群岛成了进化生物学实验室和教学基地。

欧洲

波兰和白俄罗斯境内的比亚沃维耶扎森林 直到新石器时代早期，欧洲西北部的平原地带都覆盖着整片的原始森林。而比亚沃维耶扎森林则是当初那片原始森林仅存的最大一块碎片。这片受保护的土地横跨波兰和白俄罗斯的边境地区，面积近 2 000 平方公里。欧洲很大一部分的大型哺乳动物都生活在这片区域之内，包括最著名的欧洲野牛（不止一次险些陷入灭绝的厄运）、狍、麋鹿、野猪、欧洲野马（波兰野林马）、猞猁、狼、水獭和貂。这里还有 900 种维管植物，包括历史记载中最高大的一些橡树。

俄罗斯西伯利亚境内的贝加尔湖 贝加尔湖是全世界最深、最古老的淡水湖。从其巨大的容积可以想见，在这处高海拔、与世隔绝的水体中一定孕育着大量动植物。贝加尔湖周围的 2 500 余种动植物之中，有 2/3 是在其他地方找不到的。湖中的某些群落存在着大量的物种，包括杜父鱼（杜父鱼科）、海绵、蜗牛和端足甲壳类动物。贝加尔湖和加拉帕戈斯群岛一样，都是生物多样性的庇护所。这里有着全世界所有淡水湖中最为富饶的生物多样性，也是天然的进化实验室。

非洲和马达加斯加

埃塞俄比亚境内的东正教会森林 埃塞俄比亚北部遗留了不到 5% 的天然林，这些森林基本都是教会财产。从空中鸟瞰，我们能看到一块块绿色点缀在由农田构成的棕色背景上。就像玛格丽特·洛曼（Margaret Lowman）写的那样，这些森林蕴藏着“本地植物的种子库、许多花园作物的传粉昆虫、淡水泉、药用植物、天然果实染料和教堂壁画装饰用种子、蓄水能力很强的植物根茎、作为教堂核心的精神庇护地、碳储存地，也是残存的本地物种的家园和基因库”。

索科特拉岛 这处与世隔绝的岛屿（伴有小型卫星岛屿）位于也门南部 352 公里处的印度洋上。岛上长满了形态和枝叶十分奇特的树木，为其赢得了诸多名号，诸如“另一处加拉帕戈斯”和“地球上最像外星球的地方”。在这里，人们能找到龙血树、生长于墙壁上的索科特拉无花果树和齿叶芦荟等植物。这些植物的外形和其他地方的草木几乎没有可比性。索科特拉岛上还有约 300 个鸟类物种，其中 8 种是该群岛所独有的。

塞伦盖蒂草原生态系统 可以说，全世界最著名的陆地荒野生态系统就是塞伦盖蒂大草原。当地土著语中，塞伦盖蒂的意思是“无尽的平原”。那里地域辽阔，从坦桑尼亚北部一直延伸到肯尼亚西南部。草原中很大一部分区域都在国家公园、保护区和禁猎区的覆盖之下，肯尼亚也是如此。此地的动植物群落，尤其是生活于此的大型哺乳动物，是目前我们所能见到的最接近更新世时代非洲热带草原“原住民”的物种。

莫桑比克境内的戈龙戈萨国家公园 这处莫桑比克最主要的保护区囊括了千姿百态的栖息地，拥有非洲东南部生物多样性的全部重要组成部分。戈龙戈萨国家公园还坐拥海拔近 2 000 米的山脉，山顶上有雨林、米翁波（miombo）干燥林地和众多河流小溪。山谷底部覆盖着雨林，侧面是石灰岩峭壁。峭壁之上的许多洞穴至今依然无人涉足。1978—1992 年，莫桑比克经历了内战，随后又出现了大规模偷猎现象，戈龙戈萨的大型动物群曾被逼迫到了灭绝边缘，所幸，当地的生物多样性而今正处于迅速恢复的过程中。

南非 整个南非境内拥有几处全世界最富饶、最具特色的动植物公园。位于南非东北部、幅员辽阔的克鲁格公园（Kruger Park）以及其他几处保护区中拥有最完整的非洲 10 千克以上级别野生动物物种，其中就包括黑犀牛和白犀牛。开普植物区系（Cape Floristic Region）中拥有 9 000 余个物种，其中 69% 是在其他地方找不到的。这里的植物种类占非洲所有植物种类的 1/5。这里的植物群形成了几个独特的主要栖息地，包括生长着高山硬叶灌木石楠、布满多肉植物的卡鲁沙漠（一部分延伸到纳米比亚境内），以及林波省境内古老的苏铁林。

刚果盆地森林 刚果河盆地面积约为 340 万平方公里，覆盖了刚果共和国、刚果民主共和国、中非共和国以及喀麦隆、加蓬、安哥拉、赞比亚和坦桑尼亚境内的一部分领土。这里是全世界第二大排水系统，仅次于亚马孙河。刚果河流域的热带雨林是世界三大原始雨林之一（另外两处是亚马孙雨林和新几内亚雨林）。虽然面临伐木和农业开垦的围攻，但刚果盆地依然是 3 000 多种独特植物的家园，还拥有巨大的动物群落，其中包括大猩猩、斑羚、丛林象和其他多种著名的大型动物。刚果境内的 5 处雨林公园被联合国世界遗产地名录所收录。

加纳境内的奥特瓦森林 非洲西部高地的许多潮湿林地都在人类的破坏下极速缩小，但依然有小片森林如岛屿般存活了下来，保留了曾经异常富饶的植被和森林的一部分。其中最典型的例子就是依然保持原始状态的奥特瓦森林（Atewa Forest）。这处森林的历史至少有 1 050 万年之久，是最初整片雨林遗留至今的残余部分。如今，当初整片雨林的 80% 已经消失不见。奥特瓦森林是被称作“山地常绿森林”的植物群落中最典型的代表。

马达加斯加 这个巨大的岛屿面积相当于加利福尼亚州和亚利桑那州面积的总和，位于距非洲东海岸 400 公里处的印度洋上。自从 150 亿年前从冈瓦纳古陆南部分离开来，就一直保持与世隔绝的状态。马达加斯加岛幅员辽阔、历史悠久，又属于热带气候，因而拥有庞大而独特的动植物群落，其中 70% 的物种在其他地方是见不到的。最近一次的统计数字是，岛上的 14 000 种植物之中有 90% 是在其他地方见不到的。

和古巴、伊斯帕尼奥拉岛和加拉帕戈斯群岛一样，马达加斯加也是观察适应性辐射的天然实验室。适应性辐射是指一个幸运的物种成功迁移到岛屿上（在马达加斯加的案例中，通常是从非洲飞至此地或漂浮而来的物种），并在此进化成一系列的多个物种。在马达加斯加，适应性辐射的例子包括许多血缘关系很近的狐猴物种（原始灵长类动物）、变色龙、伯劳鸟、蛙类以及 12 000 种植物，如形态万千的棕榈树、兰科植物、猴面包树和与仙人掌颇为相似的龙树科植物。

亚洲

阿尔泰山 这处美丽而鲜有人迹的山脉最高海拔达 4 509 米，位于亚洲中部地区，是俄罗斯、中国、蒙古和哈萨克斯坦国境交界之处。阿尔泰山不同的海拔高度分别覆盖着欧亚草原、北方针叶林和高山植被，是冷温带和北极哺乳动物的现实版百科全书，也是亚欧大陆上几处蕴藏着真正冰期动物群落的地点之一。生活在山间的大量食草动物有马鹿、驼鹿、驯鹿、西伯利亚麝鹿、狍和野猪，以这些食草动物为捕猎对象的动物有棕熊、狼、猞猁、雪豹和狼獾。这里也是古人类学家找到第一批丹尼索瓦人类物种化石的地方。

婆罗洲 印度尼西亚共有 18 307 座岛屿（具体估算数值因指标和方法而存在差距），范围从苏门答腊岛的西部尖角地带到新几内亚西部的伊利安查亚省，总宽度达 5 120 公里。这些群岛蕴藏着令人目不暇接的生物多样性。世界第三大岛——婆罗洲岛，其南部的 3/4 属于印度尼西亚，而北部的 1/4 属于马来西亚和独立的君主制国家文莱。整座岛屿因人类聚居和油棕榈树的大规模种植，有很大一部分雨林已经消失。所造成的损失正如 2007 年《科学》杂志报道的一样："油棕榈树种植园的面积随着生物燃料销售量的急速攀升而扩张，外来的入侵物种金合欢树肆无忌惮地生长着。岛上每年都会遭受森林火灾的蹂躏。"然而，这座大岛内部的"婆罗洲之心"依然是亚洲热带生物多样性最坚实的港湾。

印度西高止山脉 就像马达加斯加、新喀里多尼亚和新西兰等大岛一样，印度次大陆也是冈瓦纳古陆的碎片。而印度次大陆的不同之处在于其向北漂移，直到与亚洲大陆相遇、相接。西高止山脉就如同印度的“龙脉”一般，与整条西海岸线平行。山脉的高度范围从接近海平面一直上升到最高点的 2 695 米，再加上其地处热带，就创造出了多种多样的陆地栖息地，其间存在着相当高水平的生物多样性。在连绵起伏、森林密布的山间生存着 5 000 种植物，其中 1 700 种是当地特产，还有大量哺乳动物群落，包括全世界最大的野生亚洲象种群，以及地球上 10% 的幸存老虎。

不丹 这个田园诗般平和而美丽的山地国家，对本土栖息地和生物多样性进行的保护工作值得称道。不丹境内的动植物群落基本完好无损，而这些动植物曾经是喜马拉雅大部分山地和山脚栖息地的标志。在不丹，70% 的土地都覆盖着森林，横跨 3 个主要区域——热带、温带和高山地带。已知的 5 000 个植物物种之中，包括 46 种杜鹃花和 600 种兰花。

缅甸 这个至今仍然鲜有外人造访的国家，北部建有 4 处保护区，总面积达 31 000 平方公里。保护区内生活着丰沛的动物群落，包括大象、熊、小熊猫、老虎和长臂猿。该地区拥有热带森林、针叶林，在森林线之上甚至还有几块地方生长着极地草原。

澳大利亚和美拉尼西亚

澳大利亚西南部的灌木丛林地 从西南海岸的埃斯佩兰斯向东，直到纳拉伯平原的边际，存在着地球上最为富饶的特色植被。这里有着温和的地中海式气候，土壤中缺乏钼元素，除了已适应这种元素缺乏状态的物种之外，其他物种均无法在此生存。由此，这里的灌木丛林地进化出的植被与海岛十分相似。可惜的是，在土壤中加入钼元素，就能令这片土地成为可供耕作的农业用地。这样的转变，是澳大利亚和全球生物多样性的一种损失。也因为这样，这里的灌木丛林地的很大一部分已经被改造成为农场和牧场，其间布满了入侵植物的踪迹。

西澳大利亚北部的金伯利地区 该地区的国家公园和其他一些人迹罕至的区域是澳洲大陆最具生物多样性，也最少受人打扰的地方。被誉为澳大利亚“最后一片荒野”的金伯利地区，生活着极富特色的有袋类动物群落。这些动物在其他地方处于濒危状态，在此却正经历着种群复原。

吉伯平原 这处斯特石质沙漠的平坦河滩地带，位于极度干旱的澳洲内陆。只有在几年一遇的洪水发生时，才会有水资源蓄存。水的出现会“唤醒”大量之前处于蛰伏状态的生命，而这些生命又将远方的大群水鸟招至此处。除了偶遇的雨水时节，这片土地极为干燥，长着齐膝深的硬叶植被。即使在干旱最为严重的时期，这里也生活着一些“深藏不露”的动物物种。布鲁斯·敏斯（Bruce Means）曾对吉伯平原的栖息地有过这样的描述："无论我们身处何方，生物多样性的奇迹就在眼前，而我们总是浑然不觉。"

新几内亚 这里是全世界第二大岛屿（仅次于格陵兰岛），面积达 80 万平方公里。岛屿上遍布雨林、湿地和山地草原。学界公认，这里有着全世界最富饶，也最少被人探索的陆地生物多样性。极为繁茂的生物多样性在复杂的山地结构之中得到了进一步强化。岛上最高的山峰直达高山带，海拔 4 700 米，山顶有着终年冰封的积雪。新几内亚是由许多小岛构成的岛群，有着 500 万年的历史。这样得天独厚的条件是物种形成的第二股推力。1955 年时我 25 岁，当时我在新几内亚各个地区对蚂蚁进行过系统性采集。我那时是运用系统方法对蚂蚁进行研究的第一人。如果上天能再给我 60 年的健康生命，但要求我只能在一个地方进行自然研究，那么我会当机立断地选择新几内亚。

新喀里多尼亚岛 这座壮观的岛屿属于亚热带，岛上山峦起伏。80 万年前这座岛屿就已脱离冈瓦纳古陆，与大陆相分离。最初，这座岛屿和新西兰相接，而后又断裂开来，独自向赤道漂移。现在，岛上 80% 的本土动植物是在其他地方找不到的，而且这里的许多动植物都与其他地方的动植物有着明显的区别。新喀里多尼亚岛上甚至还蕴藏着与澳大利亚及南极大陆剥离之前的一些元素。岛上拥有数量最多的本土特色植物群落，包括一些带有古老特色的植物。最著名的就是无油樟（Amborella），这也是地球上已知最原始的开花植物。岛上山脊两侧是草木丛生的森林，其中的主要植物是南洋杉和罗汉松。这样的环境代表了中生代地球环境的典型特征。我还在读研究生时，曾在1954 年对新喀里多尼亚岛进行过研究。此后也常常在梦中回到故地。直到 57 年之后的 2011 年，才再次重返此处。真正身临岛上才发现，与 1954 年相比，此地的魅力丝毫未减。

南极

麦克默多干河谷 这处地球上最不适宜人类居住的无冰陆地中的生物多样性极为贫乏，只有智利那干涸无雨的阿塔卡马沙漠能与之相提并论。而生活在这里的物种也维持着自身生态系统的平衡。偶尔一见的藻类和几种常被人们称为圆虫的线虫类动物就是这里的食草动物和捕食类动物了，后者有些以藻类为食，有些则会猎捕其他线虫。这些线虫就是科罗拉多州立大学的戴安娜·沃尔（Diana Wall）所称的南极土壤之中的“大象和老虎”。此处物质和能量的循环极为简单。从中我们能得出这样的结论：有机体几乎可以在任何地方找到生息繁衍的角落。但随着人类对地球生态系统的日益削弱，生命形式也会逐渐失去特色，越来越难以转化为一套支持系统。

波利尼西亚

夏威夷 夏威夷群岛和深居大洋之中的复活节岛、皮特科恩岛和马克萨斯群岛一样，都因其曾经的辉煌而值得一提。岛屿上的热带气候，相对较大的陆地面积和栖息地繁多的山峦地形，促进了多种多样陆生动植物的起源。其中很大一部分都是适应性辐射的产物。其中比较有代表性的例子有小型鸟类中的管舌雀、昆虫中的树蟋以及开花植物中的半边莲。在农业活动和入侵物种构成的半野生花园的影响下，这些美丽的原生动植物大多已经消失，或仅存在于岛中央山区地带人迹罕至的高地。夏威夷的入侵物种常常被人类世支持者用来作为“新型生态系统”的典型加以宣扬。

尽管如此，夏威夷群岛上依然存在着一处“最佳地点”。著名物种灭绝专家兼本土残余鸟类学家、杜克大学生态学家斯图亚特·皮姆（Stuart Pimm）用动人的语言对这里进行了描述：

在茂宜岛的森林线之上向远处眺望，视线下方的林木低矮、羸弱、潮湿。只有在很少见的晴空之日，才能看到在低地徜徉的游客，以及那里遍布的外来树种。但也是在这里，你能想象出一个与众不同的世界：所有的物种都富有本土特色。这里有着完全独立于其他地方的进化过程，鸟类的名字也十分特别，阿克西科瓦鸟、喔喔鸟、长嘴导颚雀、努库普乌鸟。这些鸟类的喙更是奇特，专门用以吸食本地特有的半边莲花蜜。而且这里没有蚂蚁，鬼魅一般的森林之中，只有阿克西科瓦鸟等当地物种能存活下来。残余至今的物种总在提醒我们，当初这里的一切是多么特别。我们必须要付诸努力，将所剩无几的物种保护起来，不允许同样的情况在其他地方出现。

我们很容易在头脑中将上述诸多陆地荒野环境联结为一个网络，想象着马不停蹄地将各个地方走一个遍。在这些被打破的自然生命循环中，我们能看到一万年前世界的模样。那时，人类尚栖居在地球的一个角落，农业也是稀疏零落的新兴事物。

这趟自然之旅与我们今天司空见惯的旅行恰恰相反。如今，我们总是穿越荒野，从一个城市进入另一个城市。而自然之旅则是穿越城市，走进荒野。

如果我们选择的路线与6万年前我们的祖先走过的道路一样，那么这趟旅程就会有更多收获。道路的起点在人类的发源地，即位于非洲南部和中部的热带草原和旱地森林。如今这里的大部分地方依然处于荒野状态。随后，路线偏离到刚果盆地和西非雨林，再沿尼罗河向北，穿越曼德海峡，走出非洲，进入亚欧大陆。到此即是人口密集的地中海区域，包括全部中东地区在内。我们的路线也不得不暂时中断。在波兰和白俄罗斯的比亚沃韦扎森林，路线得以继续。这里是欧洲中纬度地区现存的最大的一片原始森林。随后我们会进入泰加林。这片北方针叶林起于斯堪的纳维亚和芬兰，几乎毫无断点地向西绵延7 000公里，横跨欧亚次大陆，一直到达太平洋。沿途会经过贝加尔湖，这处湖泊是全世界最大的淡水湖，其中生活着最多富有本地特色的北温带水生动物物种。

从西伯利亚和中国北方的黑龙江地区，荒野之路跳跃到中亚的阿尔泰山、青藏高原和喜马拉雅南坡的偏僻地区。随后，在缅甸和印度西高止山脉的温带和热带森林中延续。

荒野之路继续深入印度尼西亚及其被人类涉足越来越深的诸多岛屿。路线随后向东进入新几内亚密不透风的丛林岛屿，同时经过两个政区——西部的印度尼西亚属伊里安和东部的独立国家巴布亚新几内亚。经过印度尼西亚最南端的小巽他群岛、东帝汶，路线跨入帝汶海，与最初一批原住民抵达澳大利亚北领地和南澳西北部的金伯利地区所走的路线基本一致。到今天为止，澳大利亚的上述两个地方都在很大程度上保留了最初的生态原貌。

至此，路线中断，于西伯利亚东北角再次继续。穿过至今依然空旷的阿留申群岛到达阿拉斯加，穿越内陆到达北极和北极南缘幅员辽阔的灌丛栖息地，随后向南进入加拿大泰加林。在大陆西部，路线沿海岸向南，一直到达受到良好保护的中南美洲山地栖息地和低地热带地区。在此向内陆转移，来到保留着初始栖息地的许多区域。最后，从秘鲁高地到贝伦穿越雨林来到热带草原，我们的路线沿着全世界最大的河流一路向前。

断断续续的生命循环在安第斯山脉东坡和山麓丘陵地带画上了句号。在这里，我们看到了人类和大量野生动植物在同一地点和谐共处的美好场景。

HALF-EARTH

Our Planet's Fight for Life

16

重述历史

秘鲁的两种田基麻植物。

伊波利托·鲁伊斯·洛佩兹（Hipolito Ruiz Lopez）与（Josepho Pavon），1798—1802。

16
重述历史

历史并非人类物种的特权。生命世界中流淌着无数条历史之河，每个物种都是古老血脉的传承。经历过进化迷宫的漫长跋涉，每个物种都存在于某一个时空点上。每一次变化，每一次曲折，都是物种为了持续存在而必须面对的赌局。玩家，是种群中的诸多基因集合体。游戏，则是种群对所在环境的探索。赢得这场游戏，就能获得下一代繁殖个体占比的增加。维持过往世代生息繁衍的基因所表现出来的特征在未来可能同样适用，但也可能不再适用。环境同样在变化，基因在新环境中有可能继续获胜，令物种存活下去，也可能输掉游戏。通过突变或构成新型组合而出现的某些基因变体，甚至可能令物种数量获得增长和扩散。但是，在不断变化的环境之中的任何一个时间点上，物种都有可能输掉这场进化游戏，种群数量也有可能因此陷入灭绝之境。

物种的平均寿命因分类学群体的不同而有所不同。时间长的可达数千万年，如蚂蚁和树木，短的仅有几十万年，如哺乳动物。将分类学中所有群体放在一起来看，平均寿命大概是100万年（非常笼统）。等到100万年过后，物种很可能已经发生了许多变化，或者成了另一个物种，或已分裂成为两种或更多的物种，抑或是完全消失，加入到自生命起源以来曾经昙花一现的其余99%的物种大军中。**每一个幸存下来的物种（包括人类在内）都是冠军俱乐部里的冠军，都是最佳之中的最佳，我们的祖先在进化迷宫之中从未走错、从未迷失。**至少现在还可以这样说。

这样看来，每个物种的发展历程都如史诗般波澜壮阔。总有一天，科学家一定能找到办法，对任何随机选择的特定物种，针对其生物学特征进行全方位的透彻研究。生物圈之中生活着数量庞大的物种，对每一个物种都有所了解这个目标可能不会在21世纪实现。但只要梦想成为现实，科学家就会对物种的生命循环、解剖学、生理学、基因学和生态位进行探索，并尽可能地对其地质历史进行分析和发掘。若能找到化石更是锦上添花。而更有可能的是，物种的历史将通过与其他近似物种的对比而推演出来。科学家的主要目标是将物种放入由亲缘物种所构成的谱系图之中。在DNA测序技术的帮助下，研究人员将能确定眼前的物种是和哪些现存物种相伴而生的。研究人员还能追踪到它们的共同祖先，就像人类家谱一样，从细枝末节开始，一路向主干前进。遗传分析数据再加上物种传承而来的生物学特征将能告诉我们，该物种的亲缘物种现在生活在哪里，过去生活在哪里，它们曾经的生物学特征是什么样的。这种类型的进化谱系图叫做种系发生学。对其进行重建是我们讲述物种史诗的必经之路。而随着越来越多的物种历史故事逐渐成型，生命历史的本质也将被澄清。我们将日益深入地了解周遭生命世界的合理之处并持继下去。

当然，人类物种也有自己的进化史，若沿历史之路向上追溯，则能回到漫长久远的过去，超越传统历史记录的范畴。我们同样是种系发生学之中一个非常细小的枝丫。人类进化史中有着关于人类文化异彩纷呈的故事，也具有史诗般壮阔的气势，而塑造出这些故事的人类天性同样是进化的产物。人类的表亲和老祖宗是非洲的南方古猿；人类的祖母是能人，母亲是直立人。生物学和文化两个层面是互相渗透的。这也就是为什么说，**没有史前史历史就失去了意义，没有生物学史前史就失去了意义。**

追溯最久远的地质历史时期，回到原生原核单细胞生物，所有的物种都可被视为同一个种系发生大家族之中的成员。从38 亿年前开始，到达距今 5 500 万年前，就能看到所有旧世界灵长类动物的四肢原型。继续向上、向外发展，就来到了人科分支。重点，就在人类身上。

我们最关键的适应、在进化过程中碰到的最重要的好运气，就是拥有了相对强大的头脑。我们能在头脑之中重建过往经历，创造关于未来的各种彼此可替代的场景，还能选择其中之一，使这个场景成为故事中的一个片段。**人类是地球上唯一一种为了知识本身而获取知识的生物。我们可以和同类建立合作、共享知识、决策未来。**不过，这些决策有些是明智的，有些则充满灾难性意味。

如此看来，人类已选择了去学习关于其他生命的一切知识。这些知识涵盖了所有生命和全部生物圈。挖掘地球上的每一个有机物种，学习关于物种的每一件事情，必然是最宏大、最艰巨的使命。但我们依然会去做，因为出于许多基本的科学和实践因素，人类需要这些信息。而且从更深层、更本质的角度讲，对未知的探索是人类的基因使然。随着时间的发展，对地球生物多样性的探索和积累将成为一个重大科学项目，与现如今占据主要地位的恶性肿瘤研究和大脑活动地图拥有同样的重要性。根据目前我们对生物多样性规模的估算，地球上所有人加总在一起，每 1 000 人对应一个有机物种（除非我们的估值偏差太大）。从理论上讲,我们很容易为每个物种找到一个带头人。人类的集体智慧正处于超链接的数字化状态，将以比过去快得多的速度汇集我们传承的全部生命世界。随后，我们便能了解到灭绝的整体意义，为人类因无知而抛弃掉的每个物种而感到深深地懊悔。

生物学知识是从名称和分类开始的。研究人员将样本认定为某物种时，之前积累的关于该物种的所有信息都可以用得上。林奈双名极其强大，比如常见的果蝇就叫 Drosophila melanogaster，秃鹫则是 Haliaeetus leucocephalus。我们能据此找到那些经由科学方法获取的关于该物种的每一点知识。双名可以将我们掌握的知识融为一体，并构成一个层级基础，与人类大脑的运作方式相吻合。当科学家一遍又一遍重复着这些双名，倾听那婉转的发音，感受其难以言喻的韵味时，便能体会到科学的诗意。

生物学家对物种的定义是，在自然条件下相互结合而实现繁殖的个体集合。之前，我曾引用过狮子的例子（狮子的正式科学名称是 Panthera leo）。狮子是老虎（Panthera tigris）的近亲。豹属（Panthera）则是指由大猫物种组成的“属”。这些大猫相互之间基本都有亲缘关系，与狮子和老虎也沾亲。而后，分类学的类别系统继续依据层级秩序向上、向外延伸，就像从树叶到枝丫再到树干一样。豹属之中的猫种与不同的猫属一起，如家猫、野猫、猞猁、细腰猫等，就构成了分类学上的猫科（Felidae）。猫科物种再加上犬科（Canidae）以及其他有亲缘关系的哺乳动物科，就构成了食肉目（Carnivora）。之后继续沿分类学层级向上，直到所有的动物、植物和微生物物种，无论现存的还是已灭绝的，都包括在内。

这种分类学有着悠久的历史，可以追溯到250年前的瑞典学者卡尔·林奈。林奈分类学非常有效，它为生物分类提供了基础和框架，也为科学自然史提供了语言。语义上，由两部分组成的科学名称本身运用了拉丁文和希腊文，在所有文化和语言环境中都可以通用。它为每个样本给定一个名字，就像我们给人取名一样，并能轻松指引到样本所属层级之中的所有层次。只需引用样本名称，便能获得至今收集到的关于该物种的所有知识。

名称的组合顺序与大脑的工作方式和我们的交流习惯相吻合。我们能利用林奈双名轻松地交谈。野外生物学家若看到一只围着香蕉打转的小苍蝇，很可能会说："这是一只果蝇，drosophilid，几乎可以肯定的是它是果蝇属的一员。我猜是黑腹果蝇（Drosophila melanogaster），但为了完全确定，还需要借用显微镜来观察苍蝇的关键特征。"若看到一只正在红树树皮上歇脚的小蜘蛛，长着伸向四方的长腿，还有两个像尾巴一样拖在后面的长长的纺丝器，他们可能就会说："这是一只长纺蛛（hersiliid）。我不清楚这只蜘蛛具体属于长纺蛛科（Hersiliidae）的哪个属哪个种，但我敢肯定，这是一只长纺蛛没有错。”若看到一只身形细长、长有许多条腿的生物，他们则会说：“它是一只蜈蚣。这可不是一只普通的蜈蚣，而是石蜈蚣科的一员。这只石蜈蚣肯定不是百脚虫（scolopendrid），不是蚰蜒（scutigerid），不是地蜈蚣（geophilid），更不是地球上已经找到的其他 10 个已知蜈蚣科的成员。”

而在莫桑比克的戈龙戈萨国家公园，也就是我进行过野外研究的地方，我们看到了一群密密麻麻的大个头蚂蚁正在土路上浩浩荡荡地横行。我有时会这样向访客解说：

> 在非洲这个地方，人们将这种蚂蚁称为玛塔比勒蚁，出处源于旧津巴布韦时代的玛塔比勒战士。目前，我们已经开始着手对其进行深入研究。

玛塔比勒蚁正确的拉丁名是 Pachycondyla analis。这种蚂蚁是世界上唯一一种已知的，以高度协调队形、全部朝同一方向行进的蚂蚁，就像我们眼前这支队伍一样。若想获得食物，它们就必须这样行进。这种蚂蚁只捕捉白蚁作为食物。所有的白蚁物种都配备有强大的军团保卫着巢穴入口。玛塔比勒蚁能轻而易举地击败白蚁兵蚁，然后每一只蚂蚁都会在口中含着几只白蚁将其带回巢穴，十分神奇！玛塔比勒蚁投入战斗只有一个原因，那就是它们只吃死去的白蚁兵蚁。

科学研究获得的关于任何物种的知识，都是依据物种在层级之中的位置进行组织的。这个位置决定了其遗传关系和进化历史，若找到新证据足以支撑调整位置，那么就可以对其名称进行相应改变。如果没有这套层级系统，没有将其嵌入国际通行的、严格的动物学和植物学文献规则，那么地球生物多样性的知识很快就会陷入混乱。

层级系统和正式的命名规则不能轻易改变。在数字化革命的影响下，利用拉丁双名进行信息传播的效率出现了很大的提升。我毕生事业的很大一部分工作内容都与蚂蚁的分类学研究有着解不开的联系。很多时候，我不得不借用物种名称和分类所参照的参考样本，或是去欧洲和美国的博物馆观察那里收藏的各种标本。为了参阅文献，我必须翻遍老旧的杂志和高度专业化的期刊。但幸运的是，我在哈佛大学工作，这里有着全世界最大的蚂蚁标本库，收藏着近 7 000 个品种、数百万个标本，令人目不暇接。而且，这里还有全世界最优秀的动物学博物馆。守着这处宝地，我就不用像其他同事那样四处奔波。但尽管如此，当年的分类学研究还是进展缓慢。

如今，这个曾造成严重后果的瓶颈对于所有动物、藻类、真菌和植物的分类工作已经不存在了。有着重要意义的标本，尤其是那些最初定名的“模式”标本，都留有高解析度的照片。三维特征也经由计算机软件进行过清晰的分辨。之后，图像会上传到网站并配备以描述和引用，这样一来，世界各地的人们只需敲几下键盘便能看到这些内容。目前，工作人员正在对生物多样性的全部文献进行扫描，在几家主要大学和研究机构的共同努力下,很快就会在网络上与我们见面。最终成品名为“生物多样性历史文献图书馆”（Biodiversity Heritage Library），将会包含多达 5 亿页的资料。

同时，旨在总结并免费提供信息的《生命百科全书》网络版也在快马加鞭地赶工。本书写作之时（2015 年）内容已经接近 140 万页，涵盖了全世界已知物种的 50% 以上。以附加知识为内容进行组建的补充项目，也在随着数据的增加而不断扩充，包括“全球生物多样性资讯机构”（Global Biodiversity Information Facility）、“生物地图”（Map of Life）、“生命信号”（Vital Signs）、“美国国家生物气象学网络”（USA National Phenology Network）、“蚂蚁维基”（Ant Wiki）、“世界鱼类数据库”（Fish Base），还有一个巨大的、公用的 DNA 序列资源库“基因序列数据库”（GenBank）。简而言之，数字革命大大加快了生命分类的进程，其进度的提前量能以几十年，甚至几百年来计量。

随着机构的数据库日益庞大，新方法也逐渐涌现出来。这些机构为内容配备了搜索引擎，用以协助研究人员快速确认标本物种。目前最有效的方法是条形码技术。工作的关键在于线粒体基因的 DNA 测序。线粒体位于各细胞的细胞核外，而线粒体只能从母亲处遗传而来。CO_1 基因中一段包含 65 个碱基对的片段尤其有用，因为不同物种拥有的片段都有所差别。有了 CO_1，在绝大多数甚至全部情况下，只要该物种已被科学界发现，生物学家都能指认出其名称。利用同样的方法，科学家还能比对出差距极大的不同生命阶段，比如毛虫和随后蜕变而成的成年蝴蝶。在法医学领域，利用 CO_1 基因甚至还能根据有机体的微小碎片鉴定出正确的物种类别。这是人们第一次能区分出解剖学上十分相似而无法利用标准分类学方法进行分辨的物种。

但是，好东西总会引发人们过度的热情，条形码技术也是一样。有些条形码用户认为，这种技术能解决科学界缺乏分类学专家的问题，还能直接实现全球生物多样性统计，甚至可以替代主流的以名称为基础的层级分类系统。而这些希望恐怕只是空想。条形码方法只是一种技术，并不意味着科学或科学知识上的进步。

更何况，没人能保证对地球生物多样性的统计能在 23 世纪到来之前完成。问题就在于，目前学界严重缺乏专业研究人员。没有科学含量的技术手段就像没有轮子和导航的汽车一样。问题的解药在于找到更多的博物学家，更确切地说，是找到更多的科学自然史专家。我们需要在特定有机体群类上配备更多的专家，需要专注于物种分类及其自然史研究的专业人员。这些专家在与其他领域科学家合作的基础之上，最终要实现对其目标群类所有物种，乃至全部生物学的全盘掌握。这些科学家同时也是历史学家。随着他们逐渐揭开物种生物学物证的面纱，关于每个物种的久远而神奇的历史都要由他们来讲述。曾经，利用科学方法进行研究的博物学家一直以来都是生物学界的领导者。历史上曾经有一小撮博物学家，他们依据林奈花名册充当着逻各斯（logos，亚里士多德：缜密的修辞）大师、哺乳动物学者、两栖爬行类专家、植物学家、真菌学家等。许多人错误地认为，生命世界的重要性远不及非生命环境那么高，各类专家的数量也因为这种思想的流行而大幅减少。

科学博物学家一直都属于“特殊人群”。他们不会选择一个特定过程或突出问题作为关注重点，也不会预先设定职业规划，决定去探寻某个生物化学循环、刺透到细胞膜内部、画出大脑回路，或是达到其他一些类似的具体目标。他们的做法是走出去，学习关于他们所选择的生物群类的每一件事，方方面面、细致入微。这个群类可能不会是所有鸟类，但很可能是南美洲的雀形目鸟类；不会是所有的开花植物，但很可能是北美东部的橡树。每一个细枝末节的小信息都会被这些博物学家所珍视，也会被分享给其他感兴趣的人，哪怕只是在网上发个帖子。

由此，常年流连在野外的博物学家总有最多令人称奇的新发现,而且常常能找到最重要的信息。他们经常能碰到一些现象，而这些现象是那些终日浸淫于几类模型物种分子和细胞组织研究的科学家完全无法想象的。记得有一次，一位著名分子生物学家在一次大型的行为生物学会议上对当时正准备进行主旨演讲的我做了如下介绍:“我们的工作是以威尔逊这样的生物学家所取得的新发现为基础的。”必须承认，听到此话，我对自己和同事的工作感到发自内心的自豪和喜悦。

一位真正的科学博物学家会将全部精力投入到他研究的物种群类里。他会觉得自己对这些物种负有责任，深爱着这些物种，而不是爱着他研究的蚯蚓、肝片吸虫或洞穴苔藓本身，他爱着的是揭开这些秘密的研究过程，以及这些有机体在这个世界上生存的地点。一直以来，我都认为生物学家可以分成两种类型，他们因世界观和研究方法论而有所区别。第一类人认为，生物学中的每一个问题都存在一个由有机体组成的理想解决方案。因为秉承这样的观点,所以他们会选择模型物种:颗粒遗传，如果蝇；分子遗传学，如大肠埃希氏菌（Escherichia coli）；神经系统架构，如秀丽隐杆线虫（Caenorhabditis elegans），以此类推,直至涵盖整个分子生物学、细胞生物学、发展生物学、神经生物学以及生物医学领域。相比之下，第二类人，即博物学家，他们所遵从的原则与第一类人恰恰相反：每一个有机体都有一个理想上可以解决的问题。刺鱼可供研究本能行为；锥形贝和箭毒蛙可供研究神经毒素；蚂蚁和飞蛾可供研究信息素；以此类推，从细胞集结到有机体生物学和进化生物学的所有原则，博物学家的研究工作贯穿了生物组织的每一个层次。

可惜，两大阵营成员之间的竞争多于合作，而博物学家明显不占上风。自 20 世纪 50 年代分子生物学诞生以来，现代生物学就迎来了黄金时代。资金和声望也一边倒地转移到了结构生物学和模型物种学派。之所以能够获得如此之多的支持，和该学派与医学的直接关联是分不开的。从 1962 年开始一直到 20 世纪末，第二阵营，即有机体和进化生物学阵营，其具有博士学位的研究人员比例出现大幅下降，而微生物学、分子生物学和发展生物学阵营中的博士比例则明显上升。研究型大学中的教师职位数量也表现出同样的趋势，即便自然史和生物多样性研究与生态学及环境科学有着直接联系，也无法改变这样的现状。科学博物学家总是被人错误地认为是老派的、过时的。他们将博物馆和环境研究机构视为避难所，而即使是这些职位也会随着时间的发展越来越没有保证。

这种地位上的悬殊及政策支持上的不平等，令科学和人类在保护生存环境的过程中成了输家。有朝一日，如果生态学和保护生物学能发展成熟，对地球的生物多样性予以实质性维护，那么其工作的具体落实就不能靠居高临下的理论和指导，不能靠分子生物学和细胞生物学研究，而是要依赖于最接地气的分类学实战经验。希望我们的社会能继续将资源和信任投入到那些针对少数几种细菌、线虫和老鼠的生存环境和细枝末节进行研究的科学事业上。同时也要向那些在生物学所有其他领域默默耕耘的为数不多的科学家致敬。

第三部分

我 们 的 解 决 之 道

全球自然保护运动暂时缓解了进行中的物种灭绝的恶化程度，却无法令其止步。物种灭绝的速度仍在继续加快。如果我们希望灭绝速度能回到人类扩张之前的基线水平，为子孙后代保留更多的生物多样性，那么就要将自然保护工作的力度提升到新的高度。“第六次大灭绝”的唯一解决办法就是增加不受打扰的自然保护区面积，将其扩展到地球表面积的一半以上。保护区面积的增加，是数据革命驱动的人口增长、迁移和经济发展带来的副产品。同时，我们也需要在思考人类与环境的关系时，在道德层面与时俱进。

HALF-EARTH

Our Planet's Fight for Life

17 觉醒与顿悟

绒皮鲉（上）与提琴蜥头鲉（下）。
《伦敦动物学学会志》，1848—1860。

17
觉醒与顿悟

地球尚处于中庸状态，既不会太热以至于我们会被烤焦，也不会过冷以至于全面冰封。30 亿年前地球上就出现了生命。而直到今天，南极的一部分生物圈依然没什么变化。其他地方，就连靠近南极的浅海冰冷水域，都有欣欣向荣、多样化发展的生命。在南极内陆，毛德皇后地的山峦之间有一处温特塞湖（Lake Untersee）。这里与其说是在地球之上，不如说更接近火星的地质环境。进化在这里处于中止状态。地外文明搜索研究所（SETI Institute）的研究科学家戴尔·安德森（Dale Andersen）将温特塞湖描述成了“没有几个人亲眼目睹过的地方，人们甚至无法想象这样一个地方的存在”。

暴风雪来临时，温特塞湖的风速可达每小时 180 公里。那种天气就像当地的地形一样恶劣。在整整 4 个月的时间里，世界一片漆黑，只能听见冰块崩裂的声音，还有持续不断的狂风呼啸。周围群山的尖峰直抵天际，阻挡了山峦周边大陆冰盖上的通道。阿努钦冰川平缓的下坡从北方延伸而来，在边际戛然而止。毛德皇后地群山之中的温特塞湖所处的环境代表了地球最早期生物圈的样子，生存于这里的微生物所形成的纹理和结构，与我们在34.5亿年前的沉积物中找到的纹理和结构相同。终年不化的厚厚冰盖下面是不受外界打扰、独自生长的蓝藻，与它们亿万年前的祖先相比并没什么两样。

现在，让我们假设，南极大陆碰巧是另一种依靠星际能量和矿物能量维持生存的生命最理想的栖息地。如此一来，生物多样性的常态和全盛状态就会出现在毛德皇后地，而亚马孙和刚果所处的赤道地带由于太过炎热，只有边缘化的原始生命才能生存。

从这个角度我们可以更全面地将地球看作一个整体。从地球上的单细胞细菌和古生菌进化到更加复杂的生命形式用了大约10亿年时间。若将这10亿年的历程也考虑在内，我们就能感受到地球家园的精妙之处，就能明白生态系统对每一个物种的保护，以及物种之间的非线性互动是多么错综复杂。如今，地球生物圈就像是被鸟儿不小心撞上的蜘蛛网，原本优雅美好的秩序突然间陷入混乱。蜘蛛本能地感受到危险的到来，于是在大网之上横着织出了一道宽宽的丝带。丝带非常显眼，用以向入侵者发出警示，使它们及时掉头。

像蜘蛛这样的警示标志在我们身边比比皆是，然而，我们大脑中的达尔文主义倾向总是偏好短期决策，忽略长期规划。这样的倾向令我们对周围的警示视而不见。说到这里，我不禁想起了 2005 年在得州科技大学与一位水文学家的谈话。我对得州狭长地带富饶的农业作物印象十分深刻，但我了解到，该地区的灌溉用的是来自奥佳拉拉蓄水层的水。我知道，蓄水层的水量补充速度比目前的提取速度要慢很多，于是向同伴询问："这样的灌溉行为能坚持多久？"大概 20 年吧，如果我们节约一点的话。""那 20 年之后怎么办呢？"他耸耸肩答道："车到山前必有路吧。"

真希望他的判断是对的。但我们身边的种种警示却不容乐观。在世界各地的边缘栖息地中，气候变化和短视思维已经带来了严重的后果。非洲的沙漠正残酷地侵蚀着萨赫勒地带，澳大利亚的干旱内陆正向外蔓延，冲击着沿海地带的农田，科罗拉多河再也无法为美国西南部严重缺水的农田提供灌溉用水。农业学家最后不得不将目光转向旱地作物。他们寻找的作物要有深入土壤的多年生根系、抗寒能力很强的枝叶，结出的果实还要可以食用。

整个世界已经陷入缺水危机。养育着全球一半人口的 18

个国家正在抽取蓄水层中的水。位于中国北部粮食带中心的河北省，深层蓄水层的平均水位每年下降近 3 米之多。而印度农村的低地区域地下水位下降的速度太快，有些地方只能通过卡车来运送饮用水。国际水资源研究所的一位官员曾说过："气球被吹破之后，印度农村地区必然会陷入无尽的混乱。"中东问题以及当地人们的仇恨和不稳定状态其实并不完全是因为宗教和有关历史问题的遗留，而更多的是由于当地人口过剩、可耕种土地和饮用水的严重短缺。

地球上的 70 多亿人口贪婪地消耗着这颗星球上为数不多的馈赠。预计到 21 世纪末，全球人口总数将达到 100 亿，上下浮动范围不超过 10 亿。到那时，人类的贪婪程度将会更甚，除非农业生物学和高新技术的应用能够力挽狂澜。除此之外，农业还面临其他的现实问题。目前，我们消耗着地球上近 1/4 的自然光合作用的生产力。也就是说，地球新鲜产出的生物质有 1/4 都到了我们手上，进了我们的肚子。留下来的才是供所有其他数以百万计的物种使用的生产力。

目前，关于地球的总生产力可做如下概括。蒙大拿大学的史蒂芬·兰宁（Steven W. Running）曾讲到过，至少对于过去 30 年来说，地球上的陆基或以陆基为主的初级生产力（也称 NPP，即净初级生产力）基本处于恒定状态，每年的上下浮动不超过 2%。全球总降水量变化只有 2% 左右，驱动光合作用的全球太阳辐射输入波动不到 0.01%。如今，人类消耗的能量和燃料相当于净初级生产力的 38%。人类是否会继续增加能源消耗，将余下的 62% 也全盘占据？我想，答案是否定的，至少不会通过传统农业来实现。如果减去无法收获的部分，那么就只剩全球总净初级生产力的 10% 可供人类额外取用。而这一部分大都位于非洲和南美洲。除非掀起一场全新的绿色革命，否则人类将很可能为了自身需要而除掉剩下的陆基生物多样性。

最关键的一条结论永远是一成不变的：**用过时的短视思路对生物圈进行大肆破坏，必将令人类陷入一场自掘坟墓的灾难。**数如恒河沙的物种多样性所构成的生态系统提供了最大程度的稳定性。气候变化以及地震、火山爆发和小行星撞击等无法控制的灾难会破坏掉自然界的平衡，但在相对较短的地质时间内，地球就会完成自我修复。而这种强大的修复能力，是依靠地球上千姿百态的生命形式丰富的多样性和强大的复原力来实现的。

人类世期间地球的生物多样性保护盾被拆解得支离破碎，取而代之的只有“人类的聪明才智能解决一切问题”的空头支票。有些人期望我们能将控制权抓在手中，通过监控传感器，按动按钮来经营地球，令其向我们选择的方向发展。为了回应这样的态度，我们所有人都应该思考一下，地球是否真的能被某个智慧物种像驾驶宇宙飞船一样去操作和经营？毫无疑问，这场巨大而危险的赌局只有莽撞和愚蠢的人才会接盘。面对复杂到无法想象的小型栖息地，以及其中无数物种之间的互动关系，我们的科学家和政治领导人根本找不到任何方法予以替代。如果我们想要尝试着去取而代之，正如我们目前的所作所为所表现出来的态度一样，即使在某种程度上取得了成功，也请记住，我们将不再有回头路可走。这样做的结果是无法逆转的。我们只有一个星球,只能做一次试验。面对另一个具有可行性的选项，我们为什么要投入这场威胁全世界的不必要的赌局之中呢?

HALF-
EARTH

Our Planet's Fight for Life

18
修复与重建

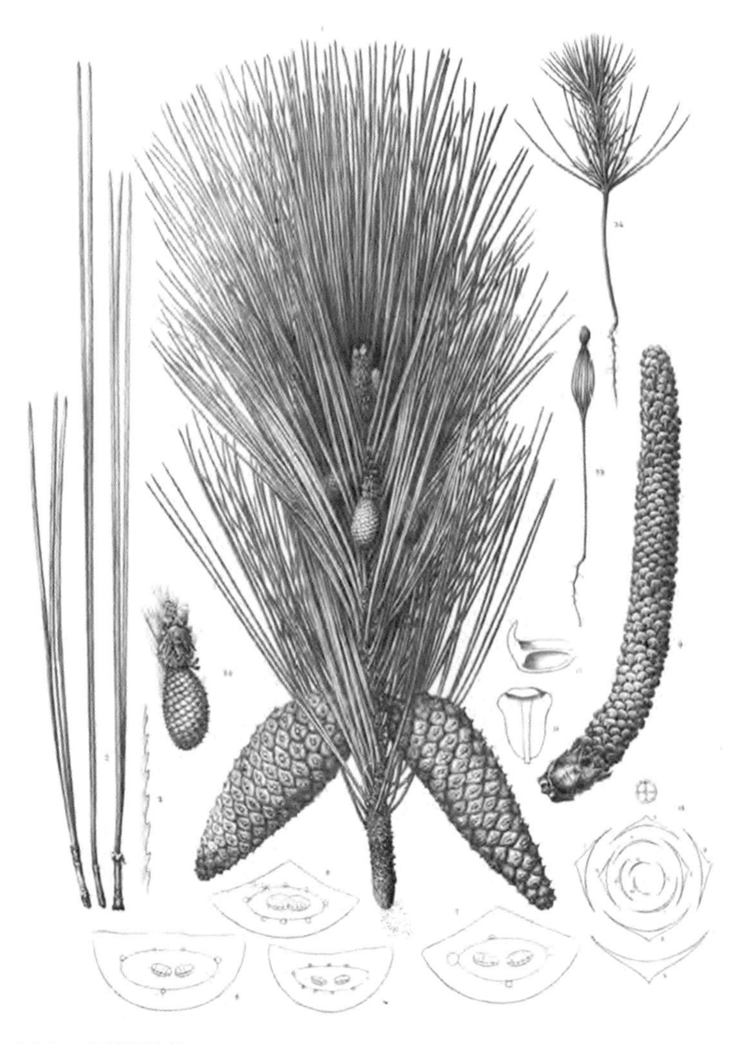

美国东南部的湿地松。
乔治·恩格尔曼（George Engelmann），1880。

18
修复与重建

世界各地都存在着真正的荒野环境。如果人类不去打扰，那些地方就能一直保持荒野状态。另外，还有一些保持着大部分荒野状态的区域，如果除去其中的入侵物种，或将一种或几种离开此地的关键物种带回来，那么这些区域是有可能回到最初状态的。与此相对的另一个极端是退化殆尽的土地。原生于这里的动植物必须依照某种混搭比例和特定顺序重新回归。人们要将泥土、微生物和真核物种（藻类、真菌、植物、动物）全部带回到此地，才能从无到有的让这里的万物复苏。

对于有些环境保护项目来说，一定程度的复原行动，也就是人类的干预活动是有必要的。每个项目本身都有其特殊之处。每个项目都需要人们掌握关于当地环境的知识，怀着对这片土地的热爱，需要科学家、活动人士、政治和经济领导者的通力合作。为了获得成功，这些项目需要人们充分发挥自身的创业精神、勇气和毅力。

正如新型科学学科一样，大型自然保护项目起源于富有英雄主义色彩的年代，主要由几个人带头推进项目，他们不怕失败，将个人安危和名誉置之度外。他们心中的梦想超越常人，心甘情愿投入大把的时间和金钱，背负着巨大的不确定性和被人拒绝的压力，一步步往前走。当他们取得成功时，这种特立独行的观点就会成为新常态。只要取得了成功，他们每个人的故事就都带上了正义的光环，如史诗般伟大。他们也将成为环境发展的一部分，名垂史册。

在我与自然公园和保护区工作人员打交道的过程中，有幸与两位保护生物多样性的先锋人物有过合作。他们的英雄故事是在两个不同的大陆上展开的，他们专注的问题乍看来截然相反，背后却有着同样的驱动力：**对栖息地怀有的热爱以及发自内心的强烈需求，要将因人类蓄意破坏而消失的关键物种带回来。**

佛罗里达州梅拉马尔的戴维斯（M.C.Davis）是一位成功的企业家，通过资产管理和企业投资积累了大量财富。他的人生经历和典型的美国商人无异，专注于投资和开发。与此同时，他也热爱户外运动，对故土佛罗里达狭长地带的荒野环境满怀深情。戴维斯自学了生态学和自然史，他发现狭长地带大部分森林之中的生物多样性都受到了严重的破坏，而主要原因是长叶松（Pinus palustris）的消失。长叶松是美国南部荒野之中的标志性树木。

长叶松树形高大笔直，是高质量的木材原料，与白松、红木齐名，是美国三大最佳木材之一。欧洲人到来之前，长叶松在南部的荒野地区占据着 60% 的植被，实属当地的优势物种。长叶松没有紧凑地成长成一片森林，也不是植物种类繁多的小型森林中数量最多的树种，而是在草原上占据主导地位。其他树种因频繁的雷击火灾生长得稀稀落落，长叶松却生存了下来，因为其在幼苗阶段产生了特殊的抗击能力，能够快速在地面生长并建立起深入土壤的根系。在年代久远的长叶松林中散步是很惬意的事情，因为这里的下层植物主要是低矮的草类和灌木，其中有大量同样适应在频繁火灾中求生存的开花植物。

美国内战之后，北方的企业家和因战争一贫如洗的南方人开始大规模砍伐长叶松，并将其作为主要的收入来源。到了 20 世纪末，处于原始状态的原生长叶松林只剩下不到 1%。

清野式伐木行为带来的后果不仅仅是优势物种大量减少，同时也改变了草原的整体结构。之前如杂草般存在于此的树种，包括生长速度很快的湿地松和火炬松，已取代更有商业价值的长叶松成为草原霸主。树形更高的底层灌木取代了大部分原生的丰富底层物种。这些灌木以及新近称霸的松树品种，逐渐在地面上堆积起厚厚的干燥落叶和大量易燃枯枝。这些枯枝败叶连年累积，早已高出地面很多，其结果就是自然火灾不再沿地面蔓延，不再于有能力抵抗火灾的植被中自然熄灭。只要有一点点风，大火就能通过底层植物迅速向上蔓延，继而通过上层树冠向外部扩展，形成遮天蔽日的森林火灾。我对这种环境退化非常了解。我小时候经常在亚拉巴马州南部和佛罗里达州西部狭长地带的森林中玩耍。但直到后来长大成人，我才从全局角度了解到这些森林退化的真正原因。

戴维斯认识到，在佛罗里达狭长地带和整个美国南部地区进行长叶松林重建，是实现此地生态健康和可持续发展的关键。其他一些环境保护专家，包括长叶松联盟及类似的环境组织之中的林业专家，同样意识到了这个问题的存在，大家开始集思广益，但最后却是戴维斯以个人名义单枪匹马地做了一番事业。他注意到，远离墨西哥湾沿岸地区的那些未经开发的土地上的长叶松被砍光了，土壤又太过贫瘠无法耕种。这些土地可以用很便宜的价格买下来。于是，戴维斯和一位商业伙伴山姆·肖恩（Sam Shine）一同买下了那里的大片土地，并将这些土地放入一个永久性的自然保护信托机构。

紧接着，他们面临的就是一项难度更大的工作，即长叶松草原的复原。戴维斯购买了大型伐木设备，决定将肆意滋长的湿地松和火炬松砍光。他还找到了木材买家，通过木材销售的方式来负担一部分费用。至于底层植物，戴维斯的团队采用了其他特制设备将这些厚实且容易起火的植物连根铲除。土地清理工作完成后，他们种下了 100 多万株长叶松苗。最终，这种南方荒野中的重要树种回来了，而地面五彩缤纷的开花植物也恢复到了最初自由生长的状态。

戴维斯在重建佛罗里达北部一处原始栖息地时产生了另一个想法。既然撸起袖子开干（他说这话时，语气里带着南方人特有的低沉而悠长的韵味），那不如再建立一条野生动植物走廊。这条走廊是一条狭长但不间断的自然环境地带。沿墨西哥湾沿岸伸展，从塔拉哈西市西部一直到密西西比。走廊建成后，那些体型更大的动物，如熊和美洲豹就可以去重新占领那些离开几十年的区域。同时，走廊还能对气候变化带来的破坏产生一定的缓解作用。气候变化导致了墨西哥湾沿岸自西向东发展的干旱趋势。现如今，利用重建自然环境的手段去改变气候造成的影响被人们视作一种可能性。而且，重建工作已经展开。环保倡导者已获得上述区域的治理权并着手开展规划，其中既有州属林地和联邦林地，也有海岸和河流涝原森林、军事缓冲地带、私有荒野林地等。

格里高利·卡尔（Gregory C. Carr）是爱达荷州一个环保先锋家族的后代。他是我想要讲到的第二位美国创业家。在他重建荒野的过程中，我有幸与他相识并在工作中展开合作。卡尔家境殷实，是电话语音技术创新和商业开发领域的重量级人物。他在莫桑比克戈龙戈萨国家公园的重建工作中投入了大量精力。1978—1992 年，莫桑比克发生了内战，造成 100 万人死亡。内战之后，大规模的偷猎行为屡禁不止，几乎所有的大型动物，包括大象、狮子和 14 种羚羊都已灭绝，或被逼到灭绝边缘。在曾无比神圣的戈龙戈萨山坡上，当地人开始砍伐雨林。而当地雨林的主要作用之一就是为公园和周边区域收集和储备雨水。

格里高利·卡尔于 2004 年 3 月 30 日第一次造访戈龙戈萨国家公园。此行之后，他便下定决心要将戈龙戈萨恢复到其最初的状态。他在奇坦戈（Chitengo）重建了中心营地，还增加了全新的实验室和博物馆。博物馆中收藏着公园及周边区域动植物群落的详细研究资料。截至 21 世纪第一个 10 年，他已基本完成了最初的目标。回到此地的游客数量也越来越多，和当初的规划目标一致。

卡尔的创新并没有局限在科学和自然保护领域。从一开始，他就对戈龙戈萨公园内部和周边地区居民的生活质量予以了极高的重视。公园聘用了数百名当地人，从劳工到建筑工人，再到餐厅服务员和护林员都来自本地。一位被提名担任公园园长的莫桑比克人，同时也是与首都马普托和莫桑比克政府对接的联络官。另一位莫桑比克人被任命为保护总监。卡尔还建立了诊所和学校，为距离此地最近的村庄提供服务。史上头一次，当地孩子获得了学习机会，他们能沿着教育的阶梯一直向上攀登直到高中阶段,甚至走得更远。2010 年我第一次造访公园时，为我担任向导的是当地人汤加・托希达（Tonga Torcida）。他获得了坦桑尼亚一所大学提供的奖学金。这是戈龙戈萨地区第一次有人获得如此高水平的教育机会。2014 年，托希达顺利毕业，获得了公园主管的职位。

戈龙戈萨的大型动物曾经是莫桑比克国家保护区的辉煌和骄傲。现在，它们正在快速恢复元气，逐渐找回战争爆发之前的实力。大部分动物，如非洲象、狮子、非洲水牛、河马、斑马以及种类繁多的羚羊，都得以通过少量的“战争幸存者”实现生息繁衍。还有几种动物，比如土狼和非洲野狗，则需要从周边国家重新引进。而尼罗河鳄鱼这种动物的猎杀和拖拽难度非常高而且极其危险，就连全副武装的偷猎者都对它无计可施。因此，尼罗河鳄鱼的种群数量并没有下降。

戈龙戈萨公园开展了一项行动，旨在为全世界的公园起到示范带头作用。公园邀请各个领域的专家对戈龙戈萨的全部动植物进行普查。生活在此处的动物包括数千个无脊椎动物物种，从肉眼几乎不可见的弹尾虫到个头大到令我瞠目结舌的像老鼠一样壮硕的蟋蟀和纺织娘。他们将动物标本收藏在新建的实验室中，以供未来的科学研究和教育活动使用。这次活动的总策划和领导人是著名热带生物学家彼得·纳斯科列奇（Piotr Naskrecki）。在我遍及世界各地的朋友圈中，此人是当之无愧的最优秀的博物学家。我在写作本书时，彼得领导的活动正在如火如荼地向前推进，我和几位同事也曾参与其中，一起识别了200多个蚂蚁物种，其中的10%都是第一次为科学界所知。

莫桑比克政府意识到了大型公园对旅游业和科学研究的价值，为其发展给予了鼓励和支持。政府的一大举措就是将戈龙戈萨山正式划归到公园之内，由此拯救了乌莱玛湖（Lake Urema）冲积平原的季节性循环，同时也保证了当地靠天吃饭的农业生产的水源供应。规划阶段的工作内容主要是帮助公园周边的村庄提升农业水平，协助设立委员会，保护当地居民的权利和公园野生动物的安全。关于此项大规模保护活动，相关人员已经通过文字的形式对理论和前景进行了大量的探讨与分析。我很高兴能看到这样的项目真正落实。

即使在最有利的条件下，生物多样性复原工作依然存在着"基线"这个棘手的问题。随着时间的变化，上千年、上百年，甚至是短短10年，自然生态系统都会有所不同。构成生态系统的物种的基因会发生变化，经过几万年或几十万年的变迁，甚至会变成另一个物种。某些类型的植物，只要两个物种发生杂交，就会立刻形成新物种。杂交过程中，杂交物种的染色体会翻倍，甚至只是其中一个物种染色体翻倍，就会产生新的物种。这样来看，问题就来了：**从事生物多样性复原工作的研究人员的干预行为应追溯到多久之前**？

基线问题表面看起来根本无从下手，也因此被人类世倡导者作为接纳动植物种群贫瘠现状的借口。而入侵物种无孔不入的现状，也被他们视作是构成了“新型生态系统”。用这样的借口降低标准是无知和草率的表现，无法让人接受。事实上，基线问题之中的每一个谜题都可以，也应该在物种层面上进行分析，并置于动植物种群的组成结构之中来看，在历史的长河中向前追溯，直至找到那些发生重大变化的关键时间点。

关键时间点是指因人类活动而造成的第一次大规模变化，在此之前存在着某个物种的组成结构。科学家会通过化石和目前能找到的相关证据确定基线，并据此进行测试。对于戈龙戈萨国家公园来说，基线所处时期是新石器时代人类从西非来到此地之前的更新世晚期。而美国墨西哥湾地区的基线或是在欧洲人到来之初，或是后来对长叶松这种草原重点植物的清野式砍伐。

基线问题需要在诸多可能性中进行选择。其中一个成功案例就是我之前提到过的，美国太平洋沿岸海带林的复原。当地的海狸因皮毛交易而濒临灭绝，而海狸的捕猎对象海胆则借机大肆繁殖，将海带林扫荡一空，将栖息地变成了“海狸荒地”。后来，海狸得到了保护，种群数量恢复到了最初的水平，海带林也跟着复苏，随之而来的还有大量以海带林为家园的海洋物种。另一个极端，也是一个难度大得多的挑战，是爱尔兰原始森林的复原。10 个世纪以前，这片原始森林惨遭破坏，如今剩下的只有支离破碎的地块，其中最著名的生态系统就是泥炭沼泽。

从科学家的角度来看，基线问题不是仅仅针对复原工作而言的，而是一系列令人心驰神往的挑战。这些挑战需要生物多样性、古生物学和生态学的合力才能应对。随着全世界的国家公园和自然保护区逐渐成为科研教育中心，这些挑战也将迎刃而解。

HALF-EARTH

Our Planet's Fight for Life

19

拯救生物圈

多足蕨（左）与绿花铁筷子（右）。
加埃塔诺·萨维（Gaetano Savi），1825。

19
拯救生物圈

归根结底，保护生物多样性的核心问题，是在灭绝速率回归到前人类时期的水平之前，会有多少现存荒野和荒野之中的物种离开这个世界。现在，前人类时期的范围稳定在了每年每 100 万物种中有 1~10 个物种灭绝。从人类生命周期的角度计算，这一灭绝速率是极小的，从自然保护的角度来看几乎可以忽略不计（值得注意的是，当今尚有多达 600 万个物种未被科学界发现）。同时，这也意味着，虽然全球掀起了富有英雄主义色彩的自然保护运动，但目前已知物种的灭绝速率还是接近于前人类时期的 1 000 倍，而且仍在加速。

一切生物系统中止不住的大出血只会导致一种结果：有机体的死亡和物种的灭绝。生物多样性损失发展趋势的研究人员清醒地认识到，在 21 世纪之内，突飞猛涨的灭绝速率能轻而易举地消灭掉目前存活着的大部分物种。

在物种生死存亡的大问题中，最关键的因素就是留给它们的适宜栖息地有多少。研究人员对栖息地面积和物种数量的关系进行了计算和多次修正，他们也经常在科学和流行期刊上对该数字进行引用。这一关系，即栖息地面积的变化，无论是增加还是减少，都会造成以该栖息地维持生存的物种数量发生三至五次方根的变化，最常见的是接近于四次方根。以四次方根为例，假设栖息地面积减少 90%，在剩下面积中继续生存的物种数量将会在达到稳定水平之前减少一半左右。这也是全世界许多物种丰富的地区发生过的实际情况。这些地区包括马达加斯加、地中海周边地区、亚洲大陆西南部地区、波利尼西亚，以及菲律宾和西印度群岛的诸多岛屿。如果我们请来一群伐木工，给他们一个月的时间，将剩下 10% 的自然栖息地也铲除，那么存活下来的当地物种之中的绝大多数或全部都将消失。

今天，全世界每一个国家都拥有某种类型的保护区机制。全部加总在一起，共有约 161 000 个陆地保护区，65 000 个海洋保护区。联合国环境计划和国际自然保护联盟发起了一个联合项目“世界保护区数据库”。根据数据库记载，截至 2015 年，全世界保护区总面积占地球陆地面积的近 15%，海洋面积的 2.8%。在此基础之上，保护区面积占有率还在继续上升。这样的趋势令人振奋。能达到现在的水平，取得今天的成绩，与那些奋战在全球自然保护事业中的先锋人物的辛劳与智慧分不开。但是，仅将物种灭绝速度降下来甚至停下来，就足够了吗？可叹的是，这样做还远远不够。目前这种向积极方向发展的趋势是否可以延续到 21 世纪末，从而拯救地球上的大部分生物多样性？对此，我心存疑虑。不过，若真以目前的趋势持续到 21 世纪末，需要拯救的生物多样性也会比现在少许多。

在传统的自然保护实践中，物种的灭绝是让人无法接受的。生物多样性的衰落不能以当前这种碎片式的运作方法予以解决。如果自然保护在国家预算中继续被当作奢侈品来看待，那么生物多样性终会离我们远去。将人类的行为强加在其他生命之上所造成的灭绝速率，很可能会沿当前趋势继续发展下去。我们应将其视作与希克苏鲁伯行星撞击地球威力相仿的灾难性事件，只不过生物灭绝这场灾难需要几代人持续付出代价。

幸存物种的唯一希望，就是由人类发起一场与该问题的重要程度相当的集体行动。持续进行的物种大规模灭绝以及随之发生的基因和生态系统灭绝，与流行病、世界战争、气候变化并列，都是人类强加于自身的致命性威胁。那些认为放任人类世自行发展也无关痛痒的人，尤其需要花点时间重新考虑一下这个问题。那些致力于全世界保护区发展建设的人们，请允许我在此发出真诚的呼吁：不要止步，请将目标定得再高一些。

为什么是半个地球？为什么不是1/4或1/3个地球？因为大片的地域，无论是已经自成一体，还是可通过将小片地域连成生态走廊，都是能持续供更多物种生存的理想栖息地。对地球主要栖息地进行的生物地理扫描显示，全部各类生态系统以及其中绝大多数物种，可以在地球的一半面积之内保存下来。那些处于濒危状态、种群数量极少的物种，也能因此获得发展空间。而那些之前因人类而遭遇劫难的稀有本地物种将能够逃脱厄运。至少有600万种未知物种将不再默默无闻，更不会因人类的无知而面临灭顶之灾。人类也将能更加贴近一个复杂而美好的自然界，其精彩绝伦的程度将远远超越我们的想象。我们将有更多的时间将家园整顿一新，造福子孙后代。地球也将得以继续呼吸。

“将半个地球建成保护区”这样的说法也能引起人们对自然保护问题产生更加深刻的认识。目前的自然保护运动并没有走出去太远，因为这是一个循序渐进的过程。保护的目标是最濒危的栖息地和物种，并以此为基点向前发展。倘若人们能清醒地认识到，人为保护行动能产生效果的时间已经不多了，那么就会以更快的速度，更加努力地增加保护区空间面积，在条件允许的情况下，尽可能多的节约时间和珍惜机会。

“半个地球”与以往的倡议有所不同。这是一个目标，有了目标，人们就能更好地理解现状、给予支持。人们需要的是胜利，而非仅仅是声称正在取得进展的新闻。人类的天性中有对成果和终结的向往，总是希望以取得某种成就的方式，让自身的焦虑和恐惧烟消云散。如果“敌人”依然在门口徘徊，破产就依然是可能发生的事件，恶性肿瘤检测结果就依然可能是加号，我们就仍旧会感到恐惧。而且，人类的天性中还有另一个特征，那就是我们总是倾向于选择那些伟大目标。虽然难度很大，却有可能改变世界，造福全人类。那么，就让我们肩负起全人类最崇高的使命，代表全体生命去迎风破浪、勇往直前。

HALF-EARTH

Our Planet's Fight for Life

20 瓶颈与障碍

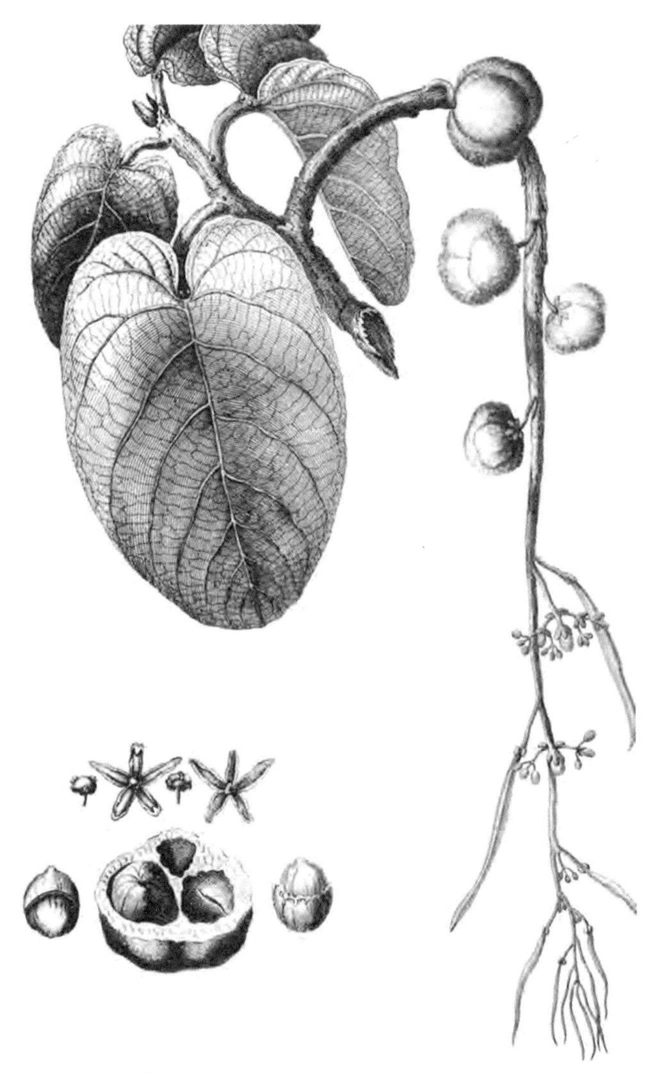

脐戟属牙买加爆果藤。

皮埃尔 · 约瑟夫 · 比许兹（Pierre-Joseph Buc'hoz），1779。

20
瓶颈与障碍

半个地球的解决方案并不是要将地球一分为二，或是预留下面积相当于某个大洲或某个国家的地块。我们也不需要改变任何一块土地的所有权，只不过是要求这些土地能在不被人类破坏的状态下存在。另一方面，半个地球意味着尽可能多地增加自然保护区面积，尽可能多地保护生活在其中的数以百万计的物种。

保护半个地球的关键在于生态足迹。生态足迹是指满足每个人平均需要的全部空间，其中包括为满足居住、饮水、食物生产和运输、出行、通信、治理、公共活动、医疗、丧葬和娱乐需要而占据的土地面积。生态足迹也以碎片形式散落在世界各处，和地球上现存的陆地及海洋荒野的状态一样。荒野碎片的面积最大可以大到包括大型沙漠和原始森林，最小可以小到只有几英亩的复原栖息地。

但是读者可能会问，不断上涨的人口总数和人均消费，难道不会与半个地球的前景或任何旨在对人类世加以限制的手段相矛盾吗？答案是肯定的，但前提是人口总数以以往的速度持续增长，并在 21 世纪余下的几十年继续维持该增长速度，直到 22 世纪。然而，从人类生物学的角度来看，人类似乎已经在人口统计这场掷骰子游戏中占得先机。人口数量增长已经出现自然下降趋势，而且没有受到来自法律或习俗的压力。无论在哪个国家，只要女性获得了一定程度的独立的社会和经济地位，她们的平均生育数量都出现了相应的下降，而这一现象是个人选择的结果。在欧洲及本土出生的美国人中，他们的平均生育数量为每位女性 2.1 个孩子（生存到成年）。这个数值已经达到并持续保持在零增长之下。只要为女性赋予一点点个人自由和对未来的安全感，她们就会选择生态学家所谓的“K–选择”，即偏好在准备充分的情况下孕育少量健康后代，而非“r–选择”，即怀着赌一把的心态，在未准备好的情况下生育大量后代。

世界总人口数量不会立即出现下降。因为之前几代人留下了数量众多的子孙，医疗水平的提高也进一步延长了人口寿命，所以人口总数会在未来出现一个峰值。同时，世界上依然存在生育率较高的国家和地区，平均每位母亲能生下超过 3 个健康存活的孩子。这一数值高于保证人口数量零增长的生育率，即“每位母亲生育 2.1 个孩子”。这些国家和地区包括巴塔哥尼亚、中东、巴基斯坦和阿富汗，再加上除南非以外的所有撒哈拉以南的非洲国家。在一两代人的时间后，这些国家和地区就有可能转变到低生育率的状态。2014 年联合国两年期人口报告预测，即使人口数量上涨速度放缓，朝着零增长发展，人口总数也会从 2014 年的 72 亿增加到 2100 年的 96 亿 ~ 123 亿，实现上述增长的概率是 80%。对于已经人口过剩的地球来说，这是一个即将面临的沉重负担，但除非全世界女性从 2.1 个孩子以下的负增长生育率上调转矛头，否则在 22 世纪早期，一定会出现人口总数的下降。另一个解决人口数量问题的方法就是将其交与人类天性，任其自然发展。在适宜的环境下，人类的生育策略会自然而然从 r - 策略转向 K - 策略。

那么，人均消费又该何去何从呢？难道人均消费不会上涨到某个高点，破坏掉大规模自然保护计划吗？如果生态足迹的组成因素继续保持今天的状态，那么答案是肯定的。但是，这些组成因素不是一成不变的。足迹会发生变化，但这种变化不是像读者一开始假设的那样占用越来越多的空间，而是使用的土地越来越少。个中原因就在于自由市场体系的进化，而且，这种进化受到了高科技手段越来越深入的影响。今天在竞争中胜出的产品，以及在未来即将成为市场赢家的产品，都是那些制造和宣传成本更低，维修和更换频率更低，以最低耗能产出最高性能的产品。

基因之间形成竞争，以同一单位成本在下一代中产生更多复本为赢家。自然选择是通过这种方式驱动有机进化的。同样，不断上涨的产品收益成本比也在驱动着经济发展。除了军事科技之外，几乎所有自由市场竞争都会提高人们的平均生活质量。电话会议、网上购物、电子商务、电子书个人图书馆、用互联网接入海量文学和科学数据、在线诊断、医疗服务，通过应用LED照明实现室内垂直种植，并由此大幅提高每亩地的食品产量，基因工程作物和微生物，通过真人大小的影像进行远距离商务会议和社交访谈，还有通过互联网向所有人在任何时间、任何地点提供全世界最优质的教育资源。上述所有这些便利措施已经实现或将很快实现。每一项措施都能以更少的人均物质和能量消耗获得更好的结果，并由此减少生态足迹的面积。

从这个角度展望未来，我希望借此机会向读者介绍一个免费享受全世界生物圈中最佳去处的好办法。这个方法是我和我的博物学家同行发现的。该方法的成本收益比极小。只需要约1 000个高清摄像机，在保护区内24小时不间断直播。不断发展的信息技术革命使得摄像器材的体积也逐渐缩小，可融入周围景观而不显唐突。人们依然可以实地走访各处自然保护区，但也可以通过虚拟方式周游世界，仅需敲几下键盘，便可在家中、学校或礼堂里实时欣赏美景。你是想要去看看塞伦盖蒂清晨时分的水坑，还是亚马孙雨林遮天蔽日的树冠之上昼夜不停的生命之舞？夏季的阳光下，南极岸边波光粼粼的浅海区域是否有着别样的景致？马不停蹄走遍印度尼西亚和新几内亚的珊瑚大三角，能否体会到叹为观止的满足感？除此之外，你在“旅途”中还可以听到物种识别和简要的专家介绍（在不打扰旅客欣赏美景的前提下）作为旁白娓娓道来。如此的旅程将永远在变化，而且一直很安全。

简而言之，生态足迹的缩小和由此出现的生物多样性保护效果提升，得益于集约型经济增长对粗放型经济增长的替代。粗放型经济增长从20世纪一直延续到了今天，是通过增加更多的资本、人口和未开发土地换取人均收入增长的。而集约型经济增长则是通过发明创造高性能产品，对现有产品的设计和使用进行补充和提升。由粗放向集约的转变中最具代表性的例子是摩尔定律。摩尔定律的提出者是英特尔公司的联合创始人戈登·摩尔（Gordon Moore，摩尔碰巧也是全球自然保护行动的领袖）。该定律指出：微芯片晶体管的成本会不断下降，因为每隔两年时间，能被置入电脑微处理器固定面积之中的晶体管数量就会增加一倍。2002—2012年间，摩尔定律一直适用。生产成本从1美元260万个降低到1美元2 000万个，随后增速开始放缓。

21 世纪与经济革命紧密相关的一个现象，就是人们的世界观发生了转变，从向往基于数量的财富转变为向往基于质量的财富。后者与生态现实主义的观点密不可分，其核心思想就是将整个地球视作一个生态系统，尊重这颗星球的本质，而不是将其视为我们想让它变成的样子。经济稳定和环境稳定之间存在紧密的联系，两者都需要从人类的自我理解出发，为提高生命质量而努力，而不是像以往那样，假设财富与生命质量可以画等号，从而一门心思积累物质财富。

生态现实主义世界观在英国皇家学会（Britain's Royal Society）的《人类与星球》（*People and the Planet*）报告中得到了生动的体现。报告中提出的倡议得到了全球各大国家级科学机构的支持。

> 绝大多数发达国家和发展中国家急需对不可持续的消费方式进行抑制。做到这一点，需要大幅减少或急速转变具有破坏性的物质消费和排放方式，并应用具有可持续发展性的技术手段。这对于确保所有人拥有可持续发展的未来至关重要。目前，消费与基于增长的经济模式紧密相关。以人类的繁荣发展而非存

活为目标，提升个人的生活质量，需要从现阶段的经济方针中走出来，全面接纳自然资本的价值。将经济活动和物质与环境产出的关系脱离开来是当下的紧急任务。

经济革命的发展道路将更多依赖于集约型增长，脱离粗放型增长。先进产品将为人们赋予新的能力，以越来越少的人均物质和能量消费取得越来越多的成果。由此，在人们的共同努力和坚持下，一定可以在气候变化这场灾难中闯出一条路，而不用诉诸“地球工程”这样规模巨大、危险重重的项目。让我们共同期待，对未来每况愈下的恐惧不会让人类变得绝望，并由此采取极端手段将大气中多余的二氧化碳清除出来，再用某种方式放回到土壤里。或是将地球表面涂上一层硫化物，以反射一部分太阳能量。而更可怕的是，依然有人在讨论另一种方案——在海水中撒入石灰，以吸收掉大气之中多余的二氧化碳。

集约型经济革命的刀锋以及与之同在的对生物多样性的期望，存在于生物学、纳米技术和机器人技术的关联上。其中两股正在蓬勃发展的力量：**人造生命和人工智能，将会占据 21 世纪科学和高新技术的大部分篇章**。碰巧，这些科技创新也有助于减少生态足迹，以更少的能量和资源为人们提供更高的生活质量。同时，科技发展必将掀起一股创业创新大潮。这股新的力量也将助力地球生物多样性保护运动向新的高度发展。

人造生命的创造已经成为现实。2010 年 5 月 20 日，加州克雷格·文特尔[①]研究所（Craig Venter Institute）的几位研究人员向世界宣布了生命科学的第二个新纪元。这一次是由人类主导的创造生命，而非神力使然。这些研究人员从无到有地亲手构建出了生命细胞。他们利用现成的化学试剂组装出了细菌物种丝状支原体（Mycoplasma mycoides）的完整遗传代码。这是一个拥有 108 万对 DNA 碱基对的双螺旋结构。在组装过程中，研究人员对代码顺序进行了微调，植入了已故理论物理学家理查德·费曼（Richard Feynman）的一句名言："我不能创造我不理解的东西"（What I cannot create, I do not understand），目的是为了在日后的测试中对经过调整的母细胞生成的后代进行检验。之后，他们将微调后的 DNA 植入接收细胞，而该细胞中的原始 DNA 已被事先移除。经过重新编码的细胞，实现了像自然细胞一样的进食和分裂。

该细胞被赋予了一个 17 世纪风格的拉丁文名称，并恰到

① 克雷格·文特尔研究所由基因测序领域的"科学狂人""人造生命之父"克雷格·文特尔创立，是一家致力于研究合成生物技术的专业性研究机构。由湛庐文化策划、浙江人民出版社出版的《生命的未来》一书对文特尔合成人造生命的历程进行了细致描述。——编者注

好处地附上了机器人风格的姓氏——Mycoplasma mycoides JCVI–syn 1.0。研究团队的发言人哈姆·史密斯（Ham Smith）称，有了这一人工合成的实体以及为完成该项目而设计的新型工具和技术，“我们就掌握了解开细菌细胞遗传指令的方法，进而可以看清并了解其运转的真实原理”。

事实上，该项新技术已经可以被应用在更多的场景之中。2014 年，由约翰·霍普金斯大学的杰夫·伯克（Jef Boeke）领导的一支团队，完全通过人工手段合成了酵母细胞的染色体。这一创举代表着人类取得了另一项重大进步。酵母细胞因为含有染色体和线粒体等细胞器，所以比细菌细胞更为复杂。

过去 1 万年间，人工选择的经典案例是从类蜀黍到玉米的转变。类蜀黍是一个野草物种，遍布墨西哥和中美洲地区。以类蜀黍为食的人类祖先最早得到的只是产量极低、质地坚硬的谷粒。经过几个世纪的选择性繁殖驯化，类蜀黍被改变成为现代作物。经过进一步的选择和大规模杂交，便成了后来的玉米。而玉米是当今数亿人的主食来源。

21 世纪的第一个 10 年见证了基因改造的全新阶段，远远超越杂交、人工选择和基因替换。如果借用之前半个世纪以来的分子生物学发展曲线，我们就会发现，科学家正在沿同样的趋势将技术向前推进，并会在不久的将来从无到有地构建起各种各样的细胞，然后就是引导细胞分裂，形成人工合成组织、人造器官，最终形成足够复杂、完全独立的有机体。而这一切活动将变得司空见惯，从新技术发展为常态。

如果我们想要在理想的、可持续的伊甸园中享受健康长寿的生活，如果我们的心智想要破茧而出，徜徉在超越迷信的理性世界，那么就要依靠生物学的发展。上述目标是切实可行的，因为科学家之所以配得上“科学家”的称号，是因为他们始终秉承一条毫不妥协的原则：穷尽一切可能去发现新事物。当前已经出现了一个专指制造有机体或部分有机体的名词：合成生物学（synthetic biology）。该学科存在巨大的发展空间，我们可以轻而易举想到其在医学和农业领域的应用意义。同时，合成生物学也将把以微生物为基础的食品和能源带到舞台中央，成为世界的焦点。

合成生物学的巨大潜力直接引来了一个让人颇费脑筋的问题：我们能创造出人类吗？某些热情的支持者认为，随着时间的发展，我们一定可以实现。如果科学家取得了成功，甚至只是部分成功，我们都会离费曼等式——构建即了解，更近一步。但我们也不得不去解决一个终极哲学问题：人性的意义是什么？

说到这里，就要讲一讲历史故事了。一个世纪以前，人工智能工程师和大脑科学家已经开始利用不同的技术在追求各自的目标。人工智能的主要目的一直以来都是创造拥有超越人类能力的设备，执行实际任务。相比之下，大脑科学显得更为精深，其核心和终极目标是全脑仿真（Whole Brain Emulation-WBE），即完成对人类思想的建模及架构。如今，这两个学科越走越近，在许多领域已经出现重叠。人工智能技术已成为全脑仿真不可或缺的一部分，而通过观测活跃脑区得到的数据则成为人工智能向前发展的强有力支持。

全脑仿真最大的挑战在于对意识的解释。神经生物学家几乎一致认为，意识是以细胞为物理基础的客观现象。由此，意识就是所谓的“神经元工作区”的一部分。人们可以对其进行试验和构图。全脑仿真依然在初级阶段缓慢地向前发展，但每一步都迈得比过去大一些。如果能以目前的节奏和研究步伐向前发展，那么全脑仿真很可能将于21世纪之内成为现实。全脑仿真的实现将会是史上最伟大的成就之一。那么，全脑仿真具体能取得什么样的成就呢？答案是，它将能构建出具有自我意识的人工思想，这个思想会自我反省、拥有情感、乐于学习和成长。

为这一目标努力奋斗的研究人员对即将面对的新事物毫无畏惧。最成功的科学家就像是踏足未知疆域的探险家一样。他们最在乎的是取得突破，成为第一个发现智慧金矿、银矿或石油的那个人。既然想要这些东西，那就得先人一步将其占领。而面对其他人对此提出的质疑，他们往往置之不理。这些领路的科学家在人生的后半段，很多都成了哲学家，又提出了同样的担忧。同时，他们也相信，人类终将由人造智慧所陪伴。这些智慧既可以了解智慧本身的意义，也可以被安全转移到移动机器人身上。另一方面，大众在好莱坞剧作家的影响下也对此忧心忡忡。

如今的世界，各种野蛮的文化中充斥着宗教和迷信，就连受过教育的人都有可能被轻易说服。在人工智能和全脑仿真的潮流中，这些人看到的是大灾难的前兆。谁都可以幻想出拥有人类智慧的机器人兴风作浪、制造混乱的样子：机器人化身（人类的机器副本）联合起来，反抗那些一手将其创造出来的人类，以及载入计算机的人类思想将作为“超人类”去统治那些血肉之躯。这些想象通过制作精美、足以以假乱真的科幻电影进一步得到了强化，比如《2001：太空漫游》（1968）、《星球大战》（1977）、《终结者》（1984）、《机械公敌》（2004）、《阿凡达》（2009）、《超验骇客》（2014）。上述影片可以说是科幻风格电影中娱乐性最强的几部，跌宕起伏的剧情中穿插着绝妙而令人惊艳的特效。

科学家常会认为，他们对事实有着更加清晰的把握。科学家们解释称，即使是最简单的人造生命形式也极难实现。而对意识进行了解，甚至将其植入机器，则更是难上加难。最后，智慧机器人和植入人类思想的电脑打破管制、危害人类的事情根本不可能发生。伦理道德将一直是人类首要考虑的因素。军事无人机和制导弹道导弹的存在告诉我们一个道理，只有坏人才会利用计算机去做坏事。同样的道理，计算机掌握在好人手里就会做好事。在我们对罪行进行评价时，需要将矛头指向始作俑者，而非产品本身，因为需要走向成熟的是人类理性的道德准则，而非其人工制品。

无论如何，大脑科学的重要性都在日益提升，不断走向生物学和人文学科的核心领域。在机器计算能力急速攀升的大背景之下，人工智能的规模也在大幅扩张。以每千美元硬件每秒计算次数为标准来看，自 1960 年以来，计算机性能从每秒计算万分之一次（每 3 小时一次）发展到了每秒计算 100 亿次。所有现代文明，无论是发达国家还是发展中国家，都加入到了数字化革命之中，其影响是不可逆的，而且还将继续强化下去。用不了多久，数字革命带来的变革就会深入到全球每一个人的生活之中。其中一个例子，就是其对人们职业寿命的影响。牛津大学的经济学家卡尔·贝内迪克特（Carl Benedict）和数学家迈克尔·奥斯本（Mchael A. Osborne）预测，截至 2030 年，诸如休闲治疗师、运动教练、牙医、神职人员、化学工程师、消防员和编辑等工作将会相对稳定，而处于第二层级的机械修理师、秘书、房产中介、会计、审计和电话直销人员等将会面临较高的失业风险。

如今，我们每年都亲眼见证着人工智能技术及其多元化应用的发展，而这些技术和应用在 10 年前的人们看来还是遥不可及的梦想。在火星表面，机器人正在埋头工作。它们翻山越岭，可以不间断拍照、测量地形、分析土壤和岩石的化学成分，还可以仔细检查周遭的一切事物，寻找生命迹象。2014 年，日本制造的机器人 SCHAFT 获得了国际 DARPA 机器人挑战赛的大奖。这个机器人能在房间内外和废墟之中探路，用电锯在墙上打洞，将消防水管连接好，并在蜿蜒曲折的道路上驾驶小型汽车。最近，一些先进计算机也开始通过不断重复的尝试进行自我学习和修正。其中一台计算机配有的程序能够自我训练，识别猫的图像。另一台计算机则能以儿童水平的语言进行对话，并成功通过了图灵测试（以计算机理论先锋人物阿兰·图灵的名字命名）。由几位专家组成的团队还与一台计算机进行了 5 分钟的对话，但没人识别出它是一台机器。

1976 年，肯尼斯·阿佩尔（Kenneth I. Appel）和沃尔夫冈·哈肯（Wolfgang Haken）在一台早期计算机上进行了 100 亿次计算，证明了经典的四色地图定理（证明只需要 4 种颜色，就可以画出共享同一边界的国家均拥有不同颜色的二维地图），而当时的传统分析方法一直无法对这一定理进行证明。两位科学家由此造就了一场数学革命，也生动地印证了爱因斯坦曾说过的话："上帝不在乎我们的数学难题。他凭经验搭建世界。"换句话说，只要某件事物是可以计数的，计算机就可以进行相关运算。那么，以某种尚未被人类知晓的方式存在于人类大脑之中的数千亿神经元，是否也遵循同样的道理呢？

数字革命早期，创新者依赖于不具备人脑特征的机械式电脑设计手段，就像是早期航空工程师利用机械原理和直觉去设计宇宙飞船，而不是去模仿鸟类飞行一样。他们之所以采用这样的方法是不得已而为之。因为当时的计算机技术专家和电脑科学家还没有掌握足够先进的技术，在研究课题和活生生的有机体之间搭建起具有实践意义的联系。随着当代两大领域的迅猛发展，自然生命与人造生命之间的类比，甚至是一对一的比较越做越多。两者之间的联手也催生了全脑仿真这样的终极科学目标。

大脑科学家是否掌握了足够多的大脑回路及其运转过程，能将其转换为人工智能算法？事实上，这两大学科的出发点是不同的。从很大程度上讲，人工智能是一门工程学科，是为问题去寻找解决方案，而全脑仿真则是将重点放在大脑和思想这个核心问题上。尽管如此，两者之间还是存在密不可分的关系。斯坦福大学的丹尼尔·伊思（Daniel Eth）和他的同事认为，在计算机上对人类大脑整体进行仿真，包括思想、感觉、记忆和技巧等，是现实可行的。他们还指出了四种必备技术：首先，对大脑细胞架构进行彻底扫描；其次，将扫描结果转化为模型；再次，在计算机上运行该模型；最后，对身体及周围环境的感官输入进行模拟。许多科学家都坚信，上述所有技术完全可以在 21 世纪末之前实现。

神经形态工程师，即以计算机开发为核心的研究人员，认为未来终将会出现一种全新的计算机，这些新型计算机将具备大脑的特征，而目前的计算机还不具备。海德堡大学的卡尔海因茨·迈耶（Karlheinz Meier）认为，若想成功利用这种逆向工程，需要解决三大问题。第一个问题是，目前试图模拟人脑的超级计算机需要数百万瓦的电功率，而人脑只需要相当于 20 瓦的能量。另一个困难则是计算机连最小的失误都无法承受。一个晶体管坏掉了，就会连累整个微处理器，而大脑却能应对持续出现的神经元损伤。最后，大脑通过在环境中的体验和儿童发育这个极为复杂的过程，可以进行实时学习和变化，而计算机必须遵从固定路线和预先设定好的算法分支向前发展。

事实上，全脑仿真设计师所面临的困难比工程设计中遇到的传统阻碍要深刻得多。最显而易见的就是人脑并非工程产品，而是进化的产物。可以说，人脑是个“东拼西凑”的产物，亿万年来，对过往环境的自然选择形成了进化，在进化的每一个节点上，人类利用当时能用上的“材料”对大脑进行了持续性构建。脊椎动物的进化用了 4.5 亿年，再往前还能追溯到我们的无脊椎动物祖先。在这个过程中我们发现，大脑的进化并非是以思想为目的，而是以生存为目的。大脑最初的功能是对呼吸和心跳进行自主控制，并对反射的感官和动作进行控制。大脑从一开始就是先天本能的中心。正是在这个中心，相应的刺激（动物行为学家口中的“信号刺激”）引发了与生俱来的先天本能（“消费行为”）。

人类的祖先，从两栖动物到爬行动物，再到哺乳动物，大脑中每个部位的神经通路都是在自然选择的作用下不断改变的，令有机体适应其所生存的环境。从古生代两栖动物到中生代灵长动物，它们的大脑中的古老中心不断被新近出现的中心扩大化。这个中心位于体积不断增大的大脑皮层上，而大脑皮层的发展则极大地促进了学习能力的提升。通过不断进化的反射和直觉形成的对某一特定环境的适应逐渐扩大，将对环境的适应能力也包括了在内。在其他条件等同的情况下，有机体在四季变化和不同栖息地中正常活动的能力为它们赋予了优势，使它们得以在生息繁衍的持续斗争中占得先机。

神经生物学家发现在人脑中密布着部分独立的无意识运作中心，这些中心和所有理性思维的运转装置并行不悖。大脑皮层中乍看来像是随机排列的部分，就是分别用以处理数字、注意力、面部识别、意义、阅读、声音、恐惧、价值和错误检测的中心。这些中心会凭借专断的无意识选择先于意识理解去进行决策。甚至只是简单的肢体行为都有可能在人意识不到的情况下进行。1902年，亨利·庞加莱（Henri Poincaré）就用简明而富有诗意的语言对此进行了分析。

> 从任何角度来看，潜意识自我都不次于有意识的自我。潜意识自我并非纯粹的自动自发，它有洞察力，既老练又微妙。它更加了解如何选择，如何预测。这句话怎么理解？比起有意识的自我，潜意识自我更知道如何进行预测，在有意识自我做不到的事情上，潜意识自我能获得成功。换句话说，难道说潜意识自我不比有意识自我更高级吗？

进化的下一阶段是意识。神经科学家并不清楚意识具体是什么，但他们正在逐步了解意识作为人脑新增能力在整体中承担的角色。2014年，法国科学院（Collège de France）著名理论学家戴亚奈（Stanislas Dehaene）延续庞加莱的话题继续讲道：

> 事实上，意识能推动一系列特定任务，而这些任务是在无意识状态下无法执行的。潜意识信息转瞬即

逝，但有意识信息是稳定的，我们想将其维持多久就能维持多久。同时，意识也会对输入信息进行压缩，将巨大的感官数据流抽象成一小套精心筛选、唾手可得的符号。之后，经过提取的信息可以被传送到下一个处理阶段，使得我们能够去执行完全受控的任务链条，就像串行计算机（a serial compaters）一样。意识的这种广播功能至关重要。对于人类来说，该功能在语言的作用下得到极大提升，令我们能够将有意识的思想通过社会网络进行传播。

当人类的未来图景在我们眼前越来越清晰地铺展开来，未来的智慧源泉也逐渐显形，现在的我们迫切需要对人类针对其他生命的道德推理进行更加细致的探索。人性作为一系列不断变化的基因性状的结果，其进化轨迹是一条蜿蜒曲折、螺旋上升的道路。亿万年来，直到人类世的黎明时期，人类物种一直放任生物圈自行进化。而后，人类手中有了镰刀和火焰，在非理性的先天本能的引导下，我们将一切都改变了。

生物多样性保护这场大戏的高潮篇章正在21世纪的舞台上上演。数字技术的爆炸性发展彻底改变了我们生活中的每一个方面，也重塑了人类的自我理解，更令“BNR”行业（生物学、纳米技术、机器人学）成为现代经济的带头力量。这三个行业既有能力保护生物多样性，也有潜力对其造成破坏性打击。我坚信，这些新兴行业会通过将能源来源从化石燃料转移到清洁、可持续的能源，通过利用新型作物和新型种植技术，迅速提高农业水平，通过减少人们长途差旅的需求甚至愿望，来对生物多样性发挥保护作用。上述这些愿景都是数字革命的主要目标。在朝着这些目标努力的过程中，生态足迹的面积也会随之缩小。人们将能享受到更加长寿、更加健康、生活质量更高的一生，而消耗的能量也将更少，对陆地和海洋的粗放型需求更小。如果我们足够幸运、足够聪明，世界人口总数会在 21 世纪末或稍后的某一时间达到 100 亿的巅峰。之后，下降的将不仅是世界人口数量，还有生态足迹的面积，下降的幅度很可能会很大。原因就在于，人类是试图想要了解世界如何运转的、拥有思想的有机体。终有一天我们会觉醒。

同时，我们已经可以十分幸运地利用数字技术去完成全球生物多样性大普查，并在完成普查之后，针对地球动植物中成百上千万的物种，确定其中每一个物种当下的状态。这项工作虽然进展速度过于缓慢（预计将于 23 世纪末全部完成），但已在进行之中。人类和其他生命都处于人口数量不断上升、资源不断减少和物种不断消失所构成的瓶颈之中。作为地球的大管家，人类正在一场拯救生命世界的竞赛中参与角逐。而我们的主要目标就是顺利穿越瓶颈，达到一种舒适感更高、危险更少的生存状态，并尽可能多的将其他生命一起带过来。如果全球生物多样性拥有足够多的空间和安全感，那么很大一部分濒危物种都有能力自行重获可持续发展能力。

我们可以借鉴合成生物学、人工智能、全脑仿真和其他以数学为基础的学科所取得的进展，创造出真实的、具有预测能力的生态学。在我们不断探索自身健康和长寿奥秘的过程中，其他物种彼此之间的关系也将获得积极的探索。常有人说，人脑是人类所知的全宇宙中最为复杂的系统。这个说法是不正确的。最为复杂的是个体自然生态系统，以及构成地球物种层面生态多样性的生态系统总和。每一个植物、动物、真菌和微生物物种，都有复杂的决策过程对其活动进行指引。每一个物种自身都拥有复杂而精密的程序，并由此精准无误地在其各自的生命循环中存在着。物种凭借内在指令，明确知道应该在何时生长、何时交配、何时播撒种子、何时躲避天敌。就连生活在人类内脏这个细菌天堂之中的单细胞大肠埃希氏菌（Escherichia coli），都能在其微小身体内部的化学感应分子的作用下，通过左右摆动尾部鞭毛移向食物或躲避毒物。

物种体内及周围的所有这些“思想”和决策“设备”究竟是如何进化的？它们又是如何与生态系统互动的？互动关系是紧密还是松散？这些议题都是生物学尚未涉足的广阔天地。就连那些将毕生事业贡献给生物学研究的科学家，面对上述议题都无从下手。神经科学、大数据理论、计算机互通性研究、机器人替身模拟以及其他相关研究领域的分析技术，都将能在生物多样性研究上找到应用空间。上述领域都是生态学的同门学科。

我们急需将对人类未来的讨论扩大化，将其与其他生命形式联系在一起。硅谷那些致力于数字化人性研究的梦想家还尚未做到这一点。他们没有对全部生物圈展开过太多思考。而如今，人类的境况正在迅速变化，面对独立于人类，并且无须人类支付成本、自觉推动这个世界不断运转的数以千万计的物种，我们正在以更快的速度失去它们的支持，或将其逼迫到无用的境地。如果人类继续在自杀的道路上义无反顾地狂奔，改变全球气候，破坏生态系统，穷尽地球的自然资源，那么我们这个物种将很快面临一个抉择，而这一次则需要动用我们大脑中的清醒意识部分。**抉择如下：我们是应该成为关乎存在的保守主义者，在保存基于基因的人类天性的同时，逐渐减少对人类及生物圈其他部分有害的活动？还是应该利用我们掌握的新技术，去接纳对人类物种的近期发展较为重要的变化，并放任其他生命自生自灭？**面对这个抉择，我们尚有一点思考的时间。

HALF-EARTH

Our Planet's Fight for Life

21

荒野之地，正是孕育人类的家园

墨西哥箱龟。
《伦敦动物学学会志》，1848—1860。

21

荒野之地，正是孕育人类的家园

当今世界正在以极快的速度在生物科技和以理性为基础的学科上取得重大进展。生活在这样的环境中，我们完全有理由去构想出一个全球化网络。这个网络之中包括的是覆盖地球表面一半面积的不可践踏的保护区。但是，普通大众和那些以自我为中心的政治领导人是否愿意与其他人分享自己的盘中餐呢？现在很流行的一个说法是，利他主义的第一原则就是永远不要指望任何人去做任何与其个人利益相悖的事情。由于大脑特定的进化历程，使得人们在预想到哪怕只有一点点个人风险或牺牲的情况下，都很难去对遥远未来的环境采取保护行动。顺着这条逻辑继续分析可以看出，真正的利他主义仅限于家庭、部落、种族或国家之中，在这些群体里，我们认为自身的基因能通过对他人的奉献而得到间接的奖励。据说，上帝更偏好的是信仰自己的宗教的教徒，而非信仰其他宗教神明的信徒。爱国主义者总是认为本国的道德戒律是全世界最优秀的。在奥林匹克运动会上获得金牌的运动员在领奖时，全场播放的是他的国家的国歌，而非有关全体人类成就的颂歌。

就算自我奖励行为在人类行为中占据着主宰地位，这种行为也不是独立存在的。人类内心确实存在着利他主义的本能。当个人拥有某种程度的权力时，随之而来的就是对实现利他主义目标的责任感，这种本能会进入大脑的决策中心。历史证明，最终占据优势的进化力量是群体选择，而非个体选择。群体选择理论的核心内容是：**如果面向群体中其他成员的利他主义行为对群体成功有贡献，那么利他主义者的血脉和基因因此而获得的收益，可能超过因个体利他主义行为而对基因造成的损失。**

这一概念的提出者达尔文曾坦言，在对该思想的把握上，最初确实遇到过困难（困难之一，就是达尔文的时代还没有基因的概念）。尽管如此，他还是在《人类的进化》一书中对此进行了清晰的表述：

> 我们一定不能忘记，虽然高道德标准并不能为个体及其子女赋予相较于同一部落其他人更多的优势，

> 但道德标准的提升以及遵从该道德标准的人数增加，会为一个部落赋予比其他部落大得多的优势。毋庸置疑，部落中若拥有许多怀着高度利他主义、忠诚、遵从、勇气和同情精神的人，这些人之间随时随地准备互相帮助，为集体利益而牺牲自我，那么这样的部落会战胜绝大多数其他部落。而这也是自然选择的结果。从古至今，全世界总有一些部落替代其他部落。由于道德是其获得成功的一个因素，因此在每一个地方，道德标准和怀有高道德标准的人的数量都会出现上升趋势。

层级选择的思想（个体选择和群体选择）一直在被研究人员反复推敲，后又经理论和实践证实。这一思想可被延伸理解为社会进化的一部分，推及同一部落内外的不相关个人和其他物种。之前，我和其他几位科学家曾就生物自卫本能现象进行过讨论。在讨论过程中我们发现，层级选择甚至适用于自然界，换句话说，就是人类的祖先所处的环境。

生物界正处于绝望的境地。生物多样性的全部层级都正在经历着急剧的衰败。生态服务及其相关产品所能提供的经济手段将能起到帮助作用，但无法拯救生物界于水火之中。坚守上帝信仰也起不了什么作用：传统宗教以拯救人类的现世和来生为核心，这一目标的高度超越了所有其他宗教目的。

只有对我们的道德观念进行一次大调整，让我们对其他生命形式许下更重要的承诺，才有可能去应对这个 21 世纪最大的挑战。荒野之地是孕育人类的家园，人类文明也是从荒野中一点点起步的。我们的食物、住所、交通工具都取自荒野。我们心中的神明也生活在荒野间。享受荒野之中的大自然是地球上每个人与生俱来的权利。在人类的夹缝中求生存的那些荒野中数以千计的物种，在种系发生学上都与我们存在亲缘关系。它们的漫长进化史与人类如出一辙。**虽然人类孤芳自赏、美梦联翩，但我们一直都是，也永远都会是一个生物学物种，与这个特定的生物世界有着不可分割的关系。千万年来的进化早已深深烙印在了我们的基因中，不可磨灭。**没有荒野的历史根本不能称之为历史。

我们要永远记住，人类继承下来的这个叹为观止的世界，是生物圈用了 38 亿年才建成的。我们只看到了自然界物种之间错综复杂的关系的冰山一角，物种之间的相互合作所形成的可持续的制衡方式，我们也是直到最近才刚刚开始尝试理解的。人类是整个生物界的大脑，是大自然的管家，无论我们是否喜欢这个角色，是否准备好去接纳这个角色，都无法改变这样的事实。人类的终极未来也取决于对这一角色的理解程度。人类经过漫长的野蛮时期走到了今天，如今，我们还应面向未来。现在我相信，在面对其他生命形式时，人类已经拥有足够的智慧去接纳一种超然而伟大的道德准则。千言万语汇成一句话：不要再继续伤害生物圈。

参考文献

书目文献延伸：爱德华·威尔逊在2002年出版的《生命的未来》一书之中首次提出了在全球范围内扩大保护区面积的计划，并在2014年出版的《永恒之窗》中对该思想进行了扩展。“半个地球”这一说法，是托尼·西斯（Tony Hiss）在2014年发表于《史密森杂志》上的文章《地球上最狂野的思想》中，专门针对这一计划提出来的说法。

01 第六次物种大灭绝

Brown, L. 2011. *World on the Edge* (New York: W. W. Norton).

Chivian, D., et al. 2008. Environmental genetics reveals a single-species ecosystem deep within Earth. *Science* 322(5899): 275–278.

Christner, B. C., et al. 2014. A microbial ecosystem beneath the West Antarctic ice sheet. *Nature* 512(7514): 310–317.

Crist, E. 2013. On the poverty of our nomenclature. *Environmental Humanities* 3: 129–147.

Emmott, S. 2013. *Ten Billion* (New York: Random House).

Kolbert, E. 2014. *The Sixth Extinction* (New York: Henry Holt).

Priscu, J. C., and K. P. Hand. 2012. Microbial habitability of icy worlds. *Microbe* 7(4): 167–172.

Weisman, A. 2013. *Countdown: Our Last, Best Hope for a Future on Earth?* (New York: Little, Brown).

Wuerthner, G., E. Crist, and T. Butler, eds. 2015. *Protecting the Wild: Parks and Wilderness, the Foundation for Conservation* (Washington, DC: Island Press).

02 人类需要生物圈

Boersma, P. D., S. H. Reichard, and A. N. Van Buren, eds. 2006. *Invasive Species in the Pacific Northwest* (Seattle: University of Washington Press).

Murcia, C., et al. 2014. A critique of the "novel ecosystem" concept. *Trends in Ecology and Evolution* 29(10): 548–553.

Pearson, A. 2008. Who lives in the sea floor? *Nature* 454(7207): 952–953.

Sax, D. F., J. J. Stachowicz, and S. D. Gaines, eds. 2005. *Species Invasions: Insights into Ecology, Evolution, and Biogeography* (Sunderland, MA: Sinauer Associates).

Simberloff, D. 2013. *Invasive species: What Everyone Needs to Know* (New York: Oxford University Press).

Tudge, C. 2000. *The Variety of Life: A Survey and a Celebration of All the Creatures That Have Ever Lived* (New York: Oxford University Press).

White, P. J., R. A. Garrott, and G. E. Plumb. 2013. *Yellowstone's Wildlife in Transition* (Cambridge, MA: Harvard University Press).

Wilson, E. O. 1993. *The Diversity of Life: College Edition* (New York: W. W. Norton)

Wilson, E. O. 2002. *The Future of Life* (New York: Alfred A. Knopf)

Wilson, E. O. 2006. *The Creation: An Appeal to Save Life on Earth* (New York: W. W. Norton).

Womack, A. M., B. J. M. Bohannan, and J. L. Green. 2010. Biodiversity and biogeography of the atmosphere. *Philosophical Transactions of the Royal Society of London B* 365: 3645–3653.

Woodworth, P. 2013. *Our Once and Future Planet: Restoring the World in the Climate Change Century* (Chicago: University of Chicago Press).

03 缤纷的生命

Baillie, J. E. M. 2010. *Evolution Lost: Status and Trends of the World's Vertebrates* (London: Zoological Society of London).

Bruns, T. 2006. A kingdom revised. *Nature* 443(7113): 758.

Chapman, R. D. 2009. *Numbers of Living Species in Australia and the World* (Canberra, Australia: Department of the Environment, Water, Heritage, and the Arts).

Magurran, A., and M. Dornelas, eds. 2010. Introduction: Biological diversity in a changing world. *Philosophical Transactions of the Royal Society of London B* 365: 3591–3778.

Pereira, H. M., et al., 2013. Essential biodiversity variables. *Science* 339(6117): 278–279.

Schoss, P. D., and J. Handelsman. 2004. Status of the microbial census. *Microbiology and Molecular Biology Reviews* 68(4): 686–691.

Strain, D. 2011. 8.7 million: A new estimate for all the complex species on Earth. *Science* 333(6046): 1083.

Tudge, C. 2000. *The Variety of Life: A Survey and a Celebration of All the Creatures That Have Ever Lived* (New York: Oxford University Press).

Wilson, E. O. 1993. *The Diversity of Life: College Edition* (New York: W. W. Norton).

Wilson, E. O. 2013. Beware the age of loneliness. *The Economist* "*The World in 2014*," p. 143.

04 犀牛的挽歌

Platt, J. R. 2015. How the western black rhino went extinct. *Scientific American Blog Network*, January 17, 2015.

Roth, T. 2004. A rhino named "Emi." *Wildlife Explorer* (Cincinnati Zoo & Botanical Gardens), Sept/Oct: 4-9.

Martin, D. 2014. Ian Player is Dead at 87; helped to save rhinos. *New York Times*, December 5, p. B15.

05 现代启示录

Laurance, W. F. 2013. The race to name Earth's species. *Science* 339(6125): 1275.

Sax, D. F., and S. D. Gaines. 2008. Species invasions and extinction: The future of native biodiversity on islands. *Proceedings of the National Academy of Sciences U.S.A.* 105(suppl. 1): 1490–1497.

06 我们形同上帝吗

Brand, S. 1968. "We are as gods and might as well get good at it." In *Whole Earth Catalog* (Published by Stewart Brand).

Brand, S. 2009. "We are as gods and HAVE to get good at it." In *Whole Earth Discipline: An Ecopragmatist Manifesto* (New York: Viking).

07 灭绝缘何加速

Laurance, W. F. 2013. The race to name Earth's species. *Science* 339(6125): 1275.
Hoffman, M., et al. 2010. The impact of conservation on the status of the world's vertebrates. *Science* 330(6010): 1503–1509.
Sax, D. F., and S. D. Gaines. 2008. Species invasions and extinction: The future of native biodiversity on islands. *Proceedings of the National Academy of Sciences U.S.A.* 105(suppl. 1): 1490–1497.

08 气候变化的冲击

Banks-Leite, C., et al. 2012. Unraveling the drivers of community dissimilarity and species extinction in fragmented landscapes. *Ecology* 93(12): 2560–2569.
Botkin, D. B., et al. 2007. Forecasting the effects of global warming on biodiversity. *BioScience* 57(3): 227–236.
Burkhead, N. M. 2012. Extinction rates in North American freshwater fishes, 1900–2010. *BioScience* 62(9): 798–808.
Carpenter, K. E., et al. 2008. One-third of reef-building corals face elevated extinction risk from climate change and local impacts. *Science* 321(5888): 560–563.
Cicerone, R. J. 2006. *Finding Climate Change and Being Useful*. Sixth annual John H. Chafee Memorial Lecture (Washington, DC: National Council for Science and the Environment).
Culver, S. J., and P. F. Rawson, eds. 2000. *Biotic Response to Global Change: The Last 145 Million Years* (New York: Cambridge University Press).
De Vos, J. M., et al. 2014. Estimating the normal background rate of species extinction. *Conservation Biology* 29(2): 452–462.
Duncan, R. P., A. G. Boyer, and T. M. Blackburn. 2013. Magnitude and variation of prehistoric bird extinctions in the Pacific. *Proceedings of the National Academy of Sciences U.S.A.* 110(16): 6436–6441.
Dybas, C. L. 2005. Dead zones spreading in world oceans. *BioScience* 55(7): 552–557.
Erwin, D. H. 2008. Extinction as the loss of evolutionary history. *Proceedings of the National Academy of Sciences U.S.A.* 105(suppl. 1): 11520–11527.

Estes, J. A., et al. 2011. Trophic downgrading of planet Earth. *Science* 333(6040): 301–306.

Gillis, J. 2014. 3.6 degrees of uncertainty. *New York Times*, December 16, 2014, p. D3.

Hawks, J. 2012. Longer time scale for human evolution. *Proceedings of the National Academy of Sciences U.S.A.* 109(39): 15531–15532.

Herrero, M., and P. K. Thornton. 2013. Livestock and global change: Emerging issues for sustainable food systems. *Proceedings of the National Academy of Sciences U.S.A.* 110(52): 20878–20881.

Jackson, J. B. C. 2008. Ecological extinction in the brave new ocean. *Proceedings of the National Academy of Sciences U.S.A.* 105(suppl. 1): 11458–11465.

Jeschke, J. M., and D. L. Strayer. 2005. Invasion success of vertebrates in Europe and North America. *Proceedings of the National Academy of Sciences U.S.A.* 102(20): 7198–7202.

Laurance, W. F., et al. 2006. Rapid decay of tree-community composition in Amazonian forest fragments. *Proceedings of the National Academy of Sciences U.S.A.* 103(50): 19010–19014.

LoGuidice, K. 2006. Toward a synthetic view of extinction: A history lesson from a North American rodent. *BioScience* 56(8): 687–693.

Lovejoy, T. E., and L. Hannah, eds. 2005. *Climate Change and Biodiversity* (New Haven, CT: Yale University Press).

Mayhew, P. J., G. B. Jenkins, and T. G. Benton. 2008. A long-term association between global temperature and biodiversity, origination and extinction in the fossil record. *Proceedings of the Royal Society of London B* 275: 47–53.

McCauley, D. J., et al. 2015. Marine defaunation: Animal loss in the global ocean. *Science* 347(6219): 247–254.

Millennium Ecosystems Assessment. 2005. *Ecosystems and Human Well Being, Synthesis.* Summary for Decision Makers, 24 pp.

Pimm, S. L., et al. 2014. The biodiversity of species and their rates of extinction, distribution, and protection. *Science* 344(6187): 1246752-1–10 (doi:10.1126/science.1246752).

Pimm, S. L., and T. Brooks. 2013. Conservation: Forest fragments, facts, and fallacies. *Current Biology* 23: R1098, 4 pp.

Stuart, S. N., et al. 2004. Status and trends of amphibian declines and extinctions worldwide. *Science* 306(5702): 1783–1786.

The Economist. 2014. Deep water. February 22.

Thomas, C. D. 2013. Local diversity stays about the same, regional diversity increases, and global diversity declines. *Proceedings of the National Academy of Sciences U.S.A.* 110(48): 19187–19188.

Urban, M. C. 2015. Accelerating extinction risk from climate change. *Science* 348(6234): 571–573.

Vellend, M., et al. 2013. Global meta-analysis reveals no net change in local-scale plant biodiversity over time. *Proceedings of the National Academy of Sciences U.S.A.* 110(48): 19456–19459.

Wagg, C., et al. 2014. Soil biodiversity and soil community composition determine ecosystem multifunctionality. *Proceedings of the National Academy of Sciences U.S.A.* 111(14): 5266–5270.

09 最危险的世界观

Crist, E. 2013. On the poverty of our nomenclature. *Environmental Humanities* 3: 129–147.

Ellis, E. 2009. Stop trying to save the planet. *Wired*, May 6.

Kolata, G. 2013. You're extinct? Scientists have gleam in eye. *New York Times*, March 19.

Kumar, S. 2012. Extinction need not be forever. *Nature* 492(7427): 9.

Marris, E. 2011. *Rambunctious Garden: Saving Nature in a Post-Wild World* (New York: Bloomsbury).

Revkin, A. C. 2012. Peter Kareiva, an inconvenient environmentalist. *New York Times*, April 3.

Rich, N. 2014. The mammoth cometh. *New York Times Magazine*, February 27.

Thomas, C. D. 2013. The Anthropocene could raise biological diversity. *Nature* 502(7469): 7.

Murcia, C., et al. 2014. A critique of the "novel ecosystem" concept. *Trends in Ecology and Evolution* 29(10): 548–553.

Voosen, P. 2012. Myth-busting scientist pushes greens past reliance on "horror stories." *Greenwire*, April 3.

Wuerthner, G., E. Crist, and T. Butler, eds. 2015. *Protecting the Wild: Parks and Wilderness, the Foundation for Conservation* (Washington, DC: Island Press).

Zimmer, C. 2013. Bringing them back to life. *National Geographic* 223(4): 28–33, 35–41.

10 保护的科学

Balmford, A. 2012. *Wild Hope: On the Front Lines of Conservation Success* (Chicago: University of Chicago Press).

Cadotte, M. C., B. J. Cardinale, and T. H. Oakley. 2008. Evolutionary history predicts the ecological impacts of species extinction. *Proceedings of the National Academy of Sciences U.S.A.* 105(44): 17012–17017.

Discover Life in America (DLIA). 2012. Fifteen Years of Discovery. Report of DLIA, Great Smoky Mountains National Park.

Hoffmann, M., et al. 2010. The impact of conservation on the status of the world's vertebrates. *Science* 330(6010): 1503–1509.

Jeschke, J. M., and D. L. Strayer. 2005. Invasion success of vertebrates in Europe and North America. *Proceedings of the National Academy of Sciences U.S.A.* 102(20): 7198–7202.

Reebs, S. 2005. Report card. *Natural History* 114(5): 14. [The Endangered Species Act of 1973.]

Rodrigues, A. S. L. 2006. Are global conservation efforts successful? *Science* 313(5790): 1051–1052.

Schipper, J., et al. 2008. The status of the world's land and marine mammals: diversity, threat, and knowledge. *Science* 322(5899): 225–230.

Stone, R. 2007. Paradise lost, then regained. *Science* 317(5835): 193.

Taylor, M. F. J., K. F. Suckling, and J. J. Rachlinski. 2005. The effectiveness of the Endangered Species Act: A quantitative analysis. *BioScience* 55(4): 360–367.

11 上帝的物种

Hoose, P. M. 2004. *The Race to Save the Lord God Bird* (New York: Farrar, Straus and Giroux).

12 未知的生命之网

Dejean, A., et al. 2010. Arboreal ants use the "Velcro® principle" to capture very large prey. *PLoS One* 5(6): e11331.

Dell, H. 2006. To catch a bee. *Nature* 443(7108): 158.

Hoover, K., et al. 2011. A gene for an extended phenotype. *Science* 333(6048): 1401. [Gypsy moth.]

Hughes, B. B., et al. 2013. Recovery of a top predator mediates negative eutrophic affects on seagrass. *Proceedings of the National Academy of Sciences U.S.A.* 110(38): 15313–15318.

Milius, S. 2005. Proxy vampire: Spider eats blood by catching mosquitoes. *Science News* 168(16): 246.

Montoya, J. M., S. L. Pimm, and R. V. Solé. 2006. Ecological networks and their fragility. *Nature* 442(7100): 259–264.

Moore, P. D. 2005. The roots of stability. *Science* 4437(13): 959–961.

Mora, E., et al. 2011. How many species are there on Earth and in the ocean? *PLoS Biology* 9: e1001127.

Palfrey, J., and U. Gasser. 2012. *Interop: The Promise and Perils of Highly Interconnected Systems* (New York: Basic Books).

Seenivasan, R., et al. 2013. *Picomonas judraskela* gen. et sp. nov.: The first identified member of the Picozoa phylum nov., a widespread group of picoeukaryotes, formerly known as 'picobiliphytes.' *PLoS One* 8(3): e59565.

Ward, D. M. 2006. A macrobiological perspective on microbial species. *Perspective* 1: 269–278.

13 迥异的水下世界

Ash, C., J. Foley, and E. Pennisi. 2008. Lost in microbial space. *Science* 320(5879): 1027.

Chang, L., M. Bears, and A. Smith. 2011. Life on the high seas—the bug Darwin never saw. *Antenna* 35(1): 36–42.

Gibbons, S. M., et al. 2013. Evidence for a persistent microbial seed bank throughout the global ocean. *Proceedings of the National Academy of Sciences U.S.A.* 110(12): 4651–4655.

McCauley, D. J., et al. 2015. Marine defaunation: Animal loss in the global ocean. *Science* 347(6219): 247–254.

McKenna, P. 2006. Woods Hole researcher discovers oceans of life. *Boston Globe*, August 7.

Pearson, A. 2008. Who lives in the sea floor? *Nature* 454(7207): 952–953.

Roussel, E. G., et al. 2008. Extending the sub-sea-floor biosphere. *Science* 320(5879): 1046.

14 不可见的王国

Ash, C., J. Foley, and E. Pennisi. 2008. Lost in microbial space. *Science* 320(5879): 1027.

Bouman, H. A., et al. 2006. Oceanographic basis of the global surface distribution of *Prochlorococcus* ecotypes. *Science* 312(5775): 918–921.

Burnett, R. M. 2006. More barrels from the viral tree of life. *Proceedings of the National Academy of Sciences U.S.A.* 103(1): 3–4.

Chivian, D., et al. 2008. Environmental genomics reveals a single-species ecosystem deep within Earth. *Science* 322(5899): 275–278.

Christner, B. C., et al. 2014. A microbial ecosystem beneath the West Antarctic ice sheet. *Nature* 512(7514): 310–317.

DeMaere, M. Z., et al. 2013. High level of intergene exchange shapes the evolution of holoarchaea in an isolated Antarctic lake. *Proceedings of the National Academy of Sciences U.S.A.* 110(42): 16939–16944.

Fierer, N., and R. B. Jackson. 2006. The diversity and biogeography of soil bacterial communities. *Proceedings of the National Academy of Sciences U.S.A.* 103(3): 626–631.

Hugoni, M., et al. 2013. Structure of the rare archaeal biosphere and season dynamics of active ecotypes in surface coastal waters. *Proceedings of the National Academy of Sciences U.S.A.* 110(15): 6004–6009.

Johnson, Z. I., et al. 2006. Niche partitioning among *Prochlorococcus* ecotypes along ocean-scale environmental gradients. *Science* 311(5768): 1737–1740.

Milius, S. 2004. Gutless wonder: new symbiosis lets worm feed on whale bones. *Science News* 166(5): 68–69.

Pearson, A. 2008. Who lives in the sea floor? *Nature* 454(7207): 952–953.

Seenivasan, R., et al. 2013. *Picomonas judraskela* gen. et sp. nov.: the first identified member of the Picozoa phylum nov. *PLoS One* 8(3): e59565.

Shaw, J. 2007. The undiscovered planet. *Harvard Magazine* 110(2): 44–53.

Zhao, Y., et al. 2013. Abundant SAR11 viruses in the ocean. *Nature* 494(7437): 357–360.

15 生物多样性最佳地点

The selections described in this chapter are subjective assessments by myself and those chosen at my request by eighteen senior conservation biologists based on

Sylvia Earle, Brian Fisher, Adrian Forsyth, Robert George, Harry Greene, Thomas Lovejoy, Margaret (Meg) Lowman, David Maddison, Bruce Means, Russ Mittermeier, Mark Moffett, Piotr Naskrecki, Stuart Pimm, Ghillean Prance, Peter Raven, and Diana Wall.

16 重述历史

Tewksbury, J. J., et al. 2014. Natural history's place in science and society. *BioScience* 64(4): 300–310.

Wilson, E. O. 2012. *The Social Conquest of Earth* (New York: W. W. Norton).

Wilson, E. O. 2014. *The Meaning of Human Existence* (New York: W. W. Norton).

17 觉醒与顿悟

Andersen, D. 2014. Letter dated August 12, quoted with permission.

Millennium Ecosystems Assessment. 2005. *Ecosystems and Human Well Being, Synthesis.* Summary for Decision Makers, 24 pp.

Running, S. W. 2012. A measurable planetary boundary for the biosphere. *Science* 337(6101): 1458–1459.

18 修复与重建

Finch, W., et al. 2012. *Longleaf, Far as the Eye Can See* (Chapel Hill, NC: University of North Carolina Press).

Hiss, T. 2014. Can the world really set aside half the planet for wildlife? *Smithsonian* 45(5): 66–78.

Hughes, B. B., et al. 2013. Recovery of a top predator mediates negative trophic effects on seagrass. *Proceedings of the National Academy of Sciences U.S.A.* 110(38): 15313–15318.

Krajick, K. 2005. Winning the war against island invaders. *Science* 310(5753): 1410–1413.

Tallamy, D. W. 2007. *Bringing Nature Home: How You Can Sustain Wildlife with Native Plants* (Portland, OR: Timber Press).

Wilkinson, T. 2013. *Last Stand: Ted Turner's Quest to Save a Troubled Planet* (Guilford, CT: Lyons Press).

Wilson, E. O. 2014. *A Window on Eternity: A Biologist's Walk Through Gorongosa National Park* (New York: Simon & Schuster).

Woodworth, P. 2013. *Our Once and Future Planet: Restoring the World in the Climate Change Century* (Chicago: University of Chicago Press).

Zimov, S. A. 2005. Pleistocene park: Return of the mammoth's ecosystem. *Science* 308(5723): 796–798.

19 拯救生物圈

Gunter, M. M., Jr. 2004. *Building the Next Ark: How NGOs Work to Protect Biodiversity* (Lebanon, NH: University Press of New England).

Hiss, T. 2014. Can the world really set aside half the planet for wildlife? *Smithsonian* 45(5): 66–78.

Jenkins, C. N., et al. 2015. US protected lands mismatch biodiversity priorities. *Proceedings of the National Academy of Sciences U.S.A.* 112(16): 5081–5086.

Noss, R. F., A. P. Dobson, R. Baldwin, P. Beier, C. R. Davis, D. A. Dellasala [illegible] Francis, H. Locke, K. Nowak, R. Lopez, C. Reining, S. C. Trombulak, [illegible] Tabor. 2011. Bolder thinking for conservation. *Conservation Biology* [illegible]

Soulé, M. E., and J. Terborgh, eds. 1999. *Continental Conservation: Scie[illegible]nda-tions of Regional Networks* (Washington, DC: Island Press).

Steffen, W., et al. 2015. Planetary boundaries: Guiding human d[illegible]pment on a changing planet. *Sciencexpress*, January 15, pp. 1–17.

20 瓶颈与障碍

Aamoth, D. 2014. The Turing test. *Time Magazine*, [illegible]

Bl[illegible] *[illegible]owth Project: How the End [illegible] appier Society* (London: Green House).

Bourne, J. K., Jr. 2015. *The End of Plenty* (New York: W. W. Norton).

Bradshaw, C. J. A., and B. W. Brook. 2014. Human population reduction is not a quick fix for environmental problems. *Proceedings of the National Academy of Sciences U.S.A.* 111(46): 16610–16615.

Brown, L. R. 2011. *World on Edge: How to Prevent Environmental and Economic Collapse* (New York: W. W. Norton).

Brown, L. R. 2012. *Full Planet, Empty Plates: The New Geopolitics of Food Scarcity* (New York: W. W. Norton).

Callaway, E. 2013. Synthetic biologists and conservationists open talks. *Nature* 496(7445): 281.

Carrington, D. 2014. World population to hit 11 bn in 2100—with 70% chance of continuous rise. *The Guardian*, September 18.

Cohen, J. E. 1995. *How Many People Can the Earth Support?* (New York: W. W. Norton).

Dehaene, S. 2014. *Consciousness and the Brain: Deciphering How the Brain Codes Our Thoughts* (New York: Viking).

Eckersley, P., and A. Sandberg. 2013. Is brain emulation dangerous? *J. Artificial General Intelligence* 4(3): 170–194.

Emmott, S. 2013. *Ten Billion* (New York: Random House).

Eth, D., J.-C. Foust, and B. Whale. 2013. The prospects of whole brain emulation within the next half-century. *J. Artificial General Intelligence* 4(3): 130–152.

Frey, G. B. 2015. The end of economic growth? *Scientific American* 312(1): 12.

Garrett, L. 2013. Biology's brave new world. *Foreign Affairs*, Nov-Dec.

Gerland, P., et al. 2014. World population stabilization unlikely this century. *Science* 346(6206): 234–237.

Graziano, M. S. A. 2013. *Consciousness and the Social Brain* (New York: Oxford University Press).

Grossman, L. 2014. Quantum leap: Inside the tangled quest for the future of computing. *Time*, February 6.

Hopfenberg, R. 2014. An expansion of the demographic transition model: The dynamic link between agricultural productivity and population. *Biodiversity* 15(4): 246–254.

Klein, N. 2014. *This Changes Everything* (New York: Simon & Schuster).

Koene, R., and D. Deca. 2013. Whole brain emulation seeks to implement a mind and its general intelligence through systems identification. *J. Artificial General Intelligence* 4(3): 1–9.

Palfrey, J., and U. Gasser. 2012. *Interop: The Promise and Perils of Highly Interconnected Systems* (New York: Basic Books).

Pauwels, E. 2013. Public understanding of synthetic biology. *BioScience* 63(2): 79–89.

Saunders, D. 2010. *Arrival City: How the Largest Migration in History Is Reshaping Our World* (New York: Pantheon).

Schneider, G. E. 2014. *Brain Structure and Its Origins: In Development and in Evolution of Behavior and the Mind* (Cambridge, MA: MIT Press).

Thackray, A., D. Brock, and R. Jones. 2015. *Moore's Law: The Life of Gordon Moore, Silicon Valley's Quiet Revolutionary* (New York: Basic Books).

The Economist. 2014. The future of jobs. January 18.

The Economist. 2014. DIY chromosomes. March 29.

The Economist. 2014. Rise of the robots. March 29–April 4.

United Nations. 2012. *World Population Prospects* (New York: United Nations).

Venter, J. C. 2013. *Life at the Speed of Light: From the Double Helix to the Dawn of Digital Life* (New York: Viking).

Weisman, A. 2013. *Countdown: Our Last, Best Hope for a Future on Earth?* (New York: Little, Brown).

Wilson, E. O. 2014. *A Window on Eternity: A Biologist's Walk Through Gorongosa National Park* (New York: Simon & Schuster).

Zlotnik, H. 2013. Crowd control. *Nature* 501(7465): 30–31.

21 荒野之地，正是孕育人类的家园

Balmford, A., et al. 2004. The worldwide costs of marine protected areas. *Proceedings of the National Academy of Sciences U.S.A.* 101(26): 9694–9697.

Bradshaw, C. J. A., and B. W. Brook. 2014. Human population reduction is not a quick fix for environmental problems. *Proceedings of the National Academy of Sciences U.S.A.* 111(46): 16610–16615.

Donlan, C. J. 2007. Restoring America's big, wild animals. *Scientific American* 296(6): 72–77.

Hamilton, C. 2015. The risks of climate engineering. *New York Times*, February 12, p. A27.

Hiss, T. 2014. Can the world really set aside half the planet for wildlife? *Smithsonian* 45(5): 66–78.

Jenkins, C. N., et al. 2015. US protected lands mismatch biodiversity priorities. *Proceedings of the National Academy of Sciences U.S.A.* [illegible]

Mikusiński, G., H. P. Possingham, and M. Blicharska. 2014. Biodiversity priority areas and religions—a global analysis of spatial overlap. *Oryx* 48(1): 17–22.

Pereria, H. M., et al. 2013. Essential biodiversity variables. *Science* 339: 277–278.

Saunders, D. 2010. *Arrival City: How the Largest Migration in History Is Reshaping Our World* (New York: Pantheon).

Selleck, J., ed. 2014. *Biological Diversity: Discovery, Science, and Management*. Special issue of *Park Science* 31(1): 1–123.

Service, R. F. 2011. Will busting dams boost salmon? *Science* 334(6058): 888–892.

Steffen, W., et al. 2015. Planetary boundaries: Guiding human development on a changing planet. *Sciencexpress*, January 15, pp. 1–17.

Stuart, S. N., et al. 2010. The barometer of life. *Science* 328(5975): 177.

Wilson, E. O. 2002. *The Future of Life* (New York: Knopf).

Wilson, E. O. 2014. *A Window on Eternity: A Biologist's Walk Through Gorongosa National Park* (New York: Simon & Schuster).

Wilson, E. O. 2014. *The Meaning of Human Existence* (New York: W. W. Norton).

附录一

目前全球的环境保护组织和在大陆和海洋上相继开展的保护运动，使我们可以对半个地球的解决方案持乐观态度。

对半个地球这一解决方案的推出起主要作用的是世界遗产基金会，该组织成立于 1972 年，由联合国教科组织主管。它们的主要理念源于一条联合国公约，目的是为现代及未来的全世界公民保护全球卓越的自然美景及历史遗址。

截至 2014 年，联合国认定的总计 1 007 处遗产中，有 197 处为自然遗产，31 处为自然与文化混合遗产。被认定为遗产地的各处需要至少符合一项遗产类别，或是符合 10 项遗产类别划分中的至少一项。所有类别中的最后两项与生物相关。

［遗产地］九 指陆地、淡水、海岸与海洋生态系统，以及植物与动物群体等正在进化与发展的过程，需具有卓越代表性。

［遗产地］十 指含有最重要和最显著的栖息地，以供保护生物多

样性，包含那些受威胁的物种，其遵循的科学与保护观念具有普适性与特殊性。

在后一个类别中，“遵循的科学与保护观念”的概念内涵应予以扩大，需要包括一个生态系统中的所有物种。我认为，对于地球上的大多数物种而言，我们的了解仍是不充分的，更不用说去探索它们在自然界的位置和生存状况。因此，我们无法对其在未来生态系统和人类生活中扮演的角色进行评价。我们现在可以做到的是开展一些全局性的保护行动，而且已经有人在做了。

- 巴西的环保部长签署法律文件，要求为亚马孙流域环境保护计划提供资金支持，总涵盖范围达 5 120 万平方米，是世界上最大的热带雨林保护区，总面积是美国保护区总面积的 3 倍。
- 总部位于伦敦的国际石油公司 SOCO 宣称，他们将放弃在刚果民主共和国内的维龙加国家公园的石油勘探计划。该公园是大量生物物种的家园，包括极度濒危的山地大猩猩，这也是目前为止发现的体型最大的灵长类动物。
- 在经过一次有知名人士发起的保护运动之后，中国对鱼翅的消费量递减了 70%。
- 在美国及世界其他地区，水坝的建设已对淡水生物多样性造成了灾难性后果，众多有记录的本土鱼类和软体动物已经灭绝。一些国家和地区已经开始拆除水坝，21 世纪初第一个 10 年中水坝的拆除率已经翻倍。

- 许多政府通过一些微小的政策调整，实现了保护效果的提升。2012 年，美国援外计划公布了他们的第一个生物多样性政策，旨在保护全球范围内最重要的生物多样性，如取缔全球范围内的野生动物交易，整合生物多样性与其他发展部门以改善保护效果。我认为这些目标将有利于为众多发展中国家提供有效的保护与帮助。
- 世界公园大会正在构思一项计划，主要针对开放的海洋生态系统进行保护。计划提出，我们应该建立一个巨大的海洋保护区，涵盖全球海洋面积的 20%~30%，保护区内禁止开展渔业活动。由于开放的海洋水域中的鱼类与其他海洋生物常常分散在各处，所以这一举措对临近的渔场也大有裨益，预计将提供超过 100 万个工作职位。比起当今政府为渔民在开放海域的渔业活动提供补贴的政策，建立保护区所需的经费更少，还可以开展有效监控与保护。

附录二

以下是本书扉页背面及 21 章各章前插图来源的完整引述。

[Frontispiece] Bees, flies, and flowers—Frühlingsbild aus b. Insettenleben in Alfred Edmund Brehm, *63 Chromotafeln aus Brehms Tierleben*, Niedere Tiere, Volumes 7–10 (Leipzig: Bibliographisches Institute, 1883–1884) (Ernst Mayr Library, MCZ, Harvard University).

1 [The World Ends, Twice] Fungi—Plate 27 in Franciscus van Sterbeeck, *Theatrum fungorum oft het Tooneel der Campernoelien* (T'Antwerpen: I. Iacobs, 1675), 19 p.l., 396, [20] p.: front., 36 pl. (26 fold.) port.; 21 cm. (Botany Farlow Library RARE BOOK S838t copy 1 [Plate no. 27 follows p. 244], Harvard University).

2 [Humanity Needs a Biosphere] Swans—Schwarzhalsschwan in Alfred Edmund Brehm, *55 Chromotafeln aus Brehms Tierleben*, Vögel, Volumes 4–6 (Leipzig: Bibliographisches Institute, 1883–1884) (Ernst Mayr Library, MCZ, Harvard University).

3 [How Much Biodiversity Survives Today?] Moth, caterpillar, pupa—Plate IX in Maria Sibylla Merian, *Der Raupen wunderbare Verwandelung und sonderbare Blumen-Nahrung: worinnen durch eine gantz-neue Erfindung der Raupen, Würmer, Sommer-vögelein, Motten, Fliegen, und anderer dergleichen Thierlein Ursprung, Speisen und Veränderungen samt ihrer Zeit* (In Nürnberg: zu finden bey Johann Andreas Graffen, Mahlern; in Frankfurt und Leipzig: bey David Funken,

gedruckt bey Andreas Knortzen, 1679–1683). 2 v. in 1 [4], 102, [8]; [4], 100, [4] p. 100, [2] leaves of plates: ill.; 21 cm. (Plate IX follows p. 16) (Botany Arnold [Cambr.] Ka M54 vol. 2, Harvard University).

4 [An Elegy for the Rhinos] Rhinos— Nashorn in Alfred Edmund Brehm, *52 Chromotafeln aus Brehms Tierleben*, Sängetiere, Volumes 1–3 (Leipzig: Bibliographisches Institute, 1883–1884) (Ernst Mayr Library, MCZ, Harvard University).

5 [Apocalypses Now] Turtles and men—Suppenschildkröte in Alfred Edmund Brehm, *63 Chromotafeln aus Brehms Tierleben*, Niedere Tiere, Volumes 7–10 (Leipzig: Bibliographisches Institute, 1883–1884) (Ernst Mayr Library, MCZ, Harvard University).

6 [Are We as Gods?] Otis—*Otis australis* female Plate XXXVI in *Proceedings of the Zoological Society of London* (Illustrations 1848–1860), 1868, Volume II, Aves, Plates I–LXXVI (Ernst Mayr Library, MCZ, Harvard University).

7 [Why Extinction Is Accelerating] Thylacine—Plate XVIII in *Proceedings of the Zoological Society of London* (Illustrations 1848–1860), Volume I, Mammalia, Plates I–LXXXIII (Ernst Mayr Library, MCZ, Harvard University).

8 [The Impact of Climate Change: Land, Sea, and Air] Starfish—Stachelhäuter in Alfred Edmund Brehm, *63 Chromotafeln aus Brehms Tierleben*, Niedere Tiere, Volumes 7–10 (Leipzig: Bibliographisches Institute, 1883–1884) (Ernst Mayr Library, MCZ, Harvard University).

9 [The Most Dangerous Worldview] Bats—Flugfuchs in Alfred Edmund Brehm, *52 Chromotafeln aus Brehms Tierleben*, Sängetiere, Volumes 1–3 (Leipzig: Bibliographisches Institute, 1883–1884) (Ernst Mayr Library, MCZ, Harvard University).

10 [Conservation Science] Seashells—Plate XXXI in *Proceedings of the Zoological Society of London* (Illustrations 1848–1860), Volume V, Mollusca, Plates I–LI (Ernst Mayr Library, MCZ, Harvard University).

11 [The Lord God Species] Ivory-billed woodpecker and willow oak—Plate 16, M. Catesby, 1729, *The Natural History of Carolina*, Volume I (digital realization of original etchings by Lucie Hey and Nigel Frith, DRPG England; courtesy of the Royal Society©), in *The Curious Mister Catesby: edited for the Catesby Commemorative Trust*, by E. Charles Nelson and David J. Elliott (Athens, GA: University of Georgia Press, 2015).

12 [The Unknown Webs of Life] Snakes—*Thamnocentris [Bothriechis] aurifer* and *Hyla holochlora [Agalychnis moreletii]* Plate XXXII in *Proceedings of the Zoological Society of London* (Illustrations 1848–60), Volume IV, Reptilia et Pisces, Plates I–XXXII et I–XI (Ernst Mayr Library, MCZ, Harvard University).

13 [The Wholly Different Aqueous World] Siphonophore—*Forskalia tholoides* in Ernst Heinrich Philipp August Haeckel, Report on the Siphonophorae collected during the voyage of *H.M.S. Challenger* during 1873–1876. (London:1888) reproduced in *Sociobiology* 1975, Figure 19-2 (Ernst Mayr Library, MCZ, Harvard University).

14 [The Invisible Empire] Beetles—Hirschkäfer in Alfred Edmund Brehm, *63 Chromotafeln aus Brehms Tierleben*, Niedere Tiere, Volumes 7–10 (Leipzig: Bibliographisches Institute, 1883–1884) (Ernst Mayr Library, MCZ, Harvard University).

15 [The Best Places in the Biosphere] Snipe—Waldschnepfe in Alfred Edmund Brehm, *55 Chromotafeln aus Brehms Tierleben*, Vögel, Volumes 4–6 (Leipzig: Bibliographisches Institute, 1883–1884) (Ernst Mayr Library, MCZ, Harvard University).

16 [History Redefined] *Hydrolea crispa* and *Hydrolea dichotoma*—Plate CCXLIV in Hipólito Ruiz et Josepho Pavon, *Flora Peruviana et Chilensis: sive Descriptiones, et icones plantarum Peruvianarum, et Chilensium, secundum systema Linnaeanum digestae, cum characteribus plurium generum evulgatorum reformatis*, auctoribus Hippolyto Ruiz et Josepho Pavon (Madrid: Typis Gabrielis de Sancha, 1798–1802). 3 + v.: ill.; 43 cm. (Botany Gray Herbarium Fol. 2 R85x v. 3, Harvard University).

17 [The Awakening] Fish—*Aploactis milesii* (above) and *Apistes panduratus* (below) in *Proceedings of the Zoological Society of London* (Illustrations 1848–1860), Volume IV, Reptilia et Pisces, Plates I–XXXII et I–XI (Ernst Mayr Library, MCZ, Harvard University).

18 [Restoration] Pine—*Pinus Elliotii* Plate 1 in George Engelmann, *Revision of the genus* Pinus, *and description of* Pinus Elliottii (St. Louis: R. P. Studley & Co., 1880). 29 p. 3 plates. 43 cm. (Botany Arboretum Oversize MH 6 En3, Botany Farlow Library Oversize E57r, Botany Gray Herbarium Fol. 2 En3 [3 copies] copy 2, Harvard University).

19 [Half-Earth: How to Save the Biosphere] *Helleborus viridis* Lin. and *Polypodium vulgare* Lin—Plate XII in Gaetano Savi, *Materia medica vegetabile Toscana* (Firenze: Presso Molini, Landi e Co., 1805), 56 pp., 60 leaves of plates: ill.; 36 cm. (Botany Arnold [Cambr.] Oversize Pd Sa9, Botany Econ. Botany Rare Book DEM 51.2 Savi [ECB folio case 2], Botany Gray Herbarium Fol. 3 Sa9, Harvard University).

20 [Threading the Bottleneck] Vine—*Ronnowia domingensis* Plate IV in Pierre-Joseph Buc'hoz, *Plantes nouvellement découvertes: récemment dénommées et classées,*

représentées en gravures, avec leur descriptions; pour servir d'intelligence a l'histoire générale et économique des trois regnes (Paris: l'Auteur, 1779–1784) (Botany Arnold [Cambr.] Fol. 4 B85.3p 1779, Harvard University).

21 [What Must be Done] Turtle—*Cistudo (Onychotria) mexicana* Gray in *Proceedings of the Zoological Society of London* (Illustrations 1848-60), Volume IV, Reptilia et Pisces, Plates I–XXII et I–XI (Ernst Mayr Library, MCZ, Harvard University).

HALF-EARTH

译者后记

《半个地球》是一部让人感动的作品。字里行间充满着与大自然打了一辈子交道的智者对人类家园所怀的深情与期望。坐在电脑前，我的思路追随着威尔逊遍览世界各地的荒野，观察大大小小的生物。所谓诗和远方，莫过于此。

荒野的魅力

如果你没有亲身体验过荒野的魅力，很可能无法直观感受到生态保护的重要性，不能深刻理解限制人类足迹的紧迫程度。人类世的倡导者总认为，人类凭借自身智慧终将法力无边，所向披靡。任何疾病、污染、农作物的病虫害，都可以利用科技手段予以解决。这些人也同样对荒野一无所知，不了解我们赖以生存的这片土地蕴藏着多少不为人知的秘密。更不知道荒野中蕴藏着沉睡的生命种子。而这些生命种子，对于修复人类行为造成的破坏，能发挥至关重要的作用。

威尔逊是当之无愧的博物学泰斗，对全世界各个种类的蚂蚁如数家珍。在研究蚂蚁的过程中，他深入荒野，为搜寻目标、收集标本长途跋涉、风餐露宿。从幼年时起，威尔逊便与大自然结下了不解之缘。如今年逾耄耋，还将毕生对人类和大自然的领悟写成文字，其中所流露的智慧和深情令人动容。如此学识渊博的科学前辈，在大自然面前尚且流露出发自内心的谦卑，我们这些普通人又怎能无视自然的力量，怎能大言不惭地笃信人定胜天。

仰望星空，热吻大地

哲学家说要仰望星空。而我倒觉得，更有必要俯视这片养育我们的土地，还有土地中孕育的各种看得见和看不见的生命。我们对脚下这片土地的了解少之又少。过去几千年来，人类为了给越来越多的人口提供食物，将荒野开垦成农田。后又为了提高农业产量，降低成本，发明了各种有毒农药，由此展开了一场农药剂量和害虫抗药性之间的大博弈。人们还抽取地下水进行灌溉，眼看着地下水位逐年下降却束手无策。诚然，人类获得的农业作物产量提高了，经济发展了。但我们必须承认，这些行为是不可持续的。其后果将不堪设想。

即使我们生活在钢筋水泥铸就的都市里，沉浸在人工智能、生物技术等高科技浪潮之中，我们也离不开生物圈，逃不开那些尚不为人所了解的自然规律。毕竟，人类不过是大自然孕育出的其中一种生命而已，我们的每一次呼吸，每一口食物和水，都与脚下的土地息息相关。诚然，个人的力量在大自然面前渺小得可以忽略不计，但不代表我们就可以因此而忘掉自己在地球上的身份。为了子孙后代，我们需要改变。而改变的第一步，就是重拾对大自然、对脚下这片土地的敬畏之心。

让生态学成为下一代的必修课

生态保护是个有关未来的话题。我们终将老去，走入历史。但我们的孩子还要继承地球这个人类家园。为了让未来的孩子们能无忧无虑、享受到蓝天碧水，享用到清洁的食物和饮用水，生态学无疑是最值得关注的一门学科。

对生物圈和生态系统进行保护，是需要几代人共同努力才能见效的事业。现在，我们不妨在威尔逊这位对大自然饱含悲悯之情的智者的引领下，正视人类的渺小和伟大，充分理解生态学的现实意义。

下一次带孩子坐长途飞机时，我想选择和他一起收看地图频道，一起看着我们的轨迹经过一个个神奇的地名，联想这些地名的源起，幻想那些发生在地球各个角落里的生息繁衍，让孩子感受地球的博大。我想抽更多的时间带孩子去旅行，踏足被岩浆烤得焦糊的黑色海滩，走上被奇花异草覆盖的原野，穿过暗无天日的森林，让孩子对大自然真正地心生敬畏。

从现在起，我们需要和孩子一起，共同保护好地球这个人类唯一的家园。

在这里，我想要感谢我的父母，正是有了他们的支持与帮助，我才能够有时间、有精力将这些国外的经典之作带给国内读者。同时，我想要感谢我的爱人龙志勇，以及在本书翻译过程中为我提供建议和帮我把关的各位朋友，付雪、李知博、刘云、隋亚男、王婷、徐爱迪、徐畔、张英杰等，正是有了他们的热心支持，我有信心，也有理由期待，未来的地球环境将因我们所有人的努力而朝着更美好的方向发展！

未来，属于终身学习者

我这辈子遇到的聪明人（来自各行各业的聪明人）没有不每天阅读的——没有，一个都没有。巴菲特读书之多，我读书之多，可能会让你感到吃惊。孩子们都笑话我。他们觉得我是一本长了两条腿的书。

——查理·芒格

互联网改变了信息连接的方式；指数型技术在迅速颠覆着现有的商业世界；人工智能已经开始抢占人类的工作岗位……

未来，到底需要什么样的人才？

改变命运唯一的策略是你要变成终身学习者。未来世界将不再需要单一的技能型人才，而是需要具备完善的知识结构、极强逻辑思考力和高感知力的复合型人才。优秀的人往往通过阅读建立足够强大的抽象思维能力，获得异于众人的思考和整合能力。未来，将属于终身学习者！而阅读必定和终身学习形影不离。

很多人读书，追求的是干货，寻求的是立刻行之有效的解决方案。其实这是一种留在舒适区的阅读方法。在这个充满不确定性的年代，答案不会简单地出现在书里，因为生活根本就没有标准确切的答案，你也不能期望过去的经验能解决未来的问题。

湛庐阅读APP：与最聪明的人共同进化

有人常常把成本支出的焦点放在书价上，把读完一本书当做阅读的终结。其实不然。

时间是读者付出的最大阅读成本
怎么读是读者面临的最大阅读障碍
“读书破万卷”不仅仅在“万”，更重要的是在“破”！

现在，我们构建了全新的“湛庐阅读”APP。它将成为你“破万卷”的新居所。在这里：

- 不用考虑读什么，你可以便捷找到纸书、有声书和各种声音产品；
- 你可以学会怎么读，你将发现集泛读、通读、精读于一体的阅读解决方案；
- 你会与作者、译者、专家、推荐人和阅读教练相遇，他们是优质思想的发源地；
- 你会与优秀的读者和终身学习者为伍，他们对阅读和学习有着持久的热情和源源不绝的内驱力。

从单一到复合，从知道到精通，从理解到创造，湛庐希望建立一个“与最聪明的人共同进化”的社区，成为人类先进思想交汇的聚集地，共同迎接未来。

与此同时，我们希望能够重新定义你的学习场景，让你随时随地收获有内容、有价值的思想，通过阅读实现终身学习。这是我们的使命和价值。

湛庐阅读APP玩转指南

湛庐阅读APP结构图：

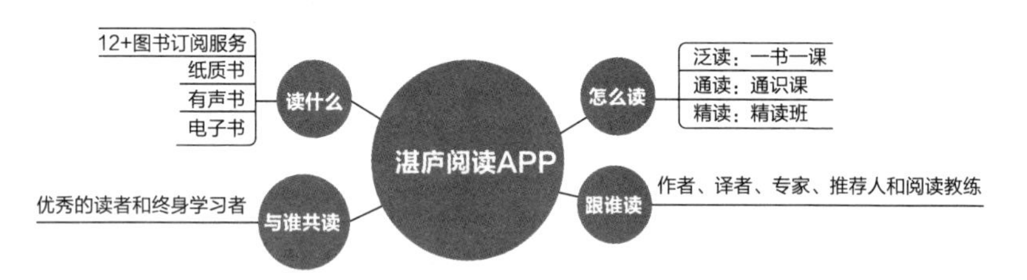

三步玩转湛庐阅读APP：

APP获取方式：

安卓用户前往各大应用市场、苹果用户前往APP Store直接下载“湛庐阅读”APP，与最聪明的人共同进化！

使用APP扫一扫功能，
遇见书里书外更大的世界！

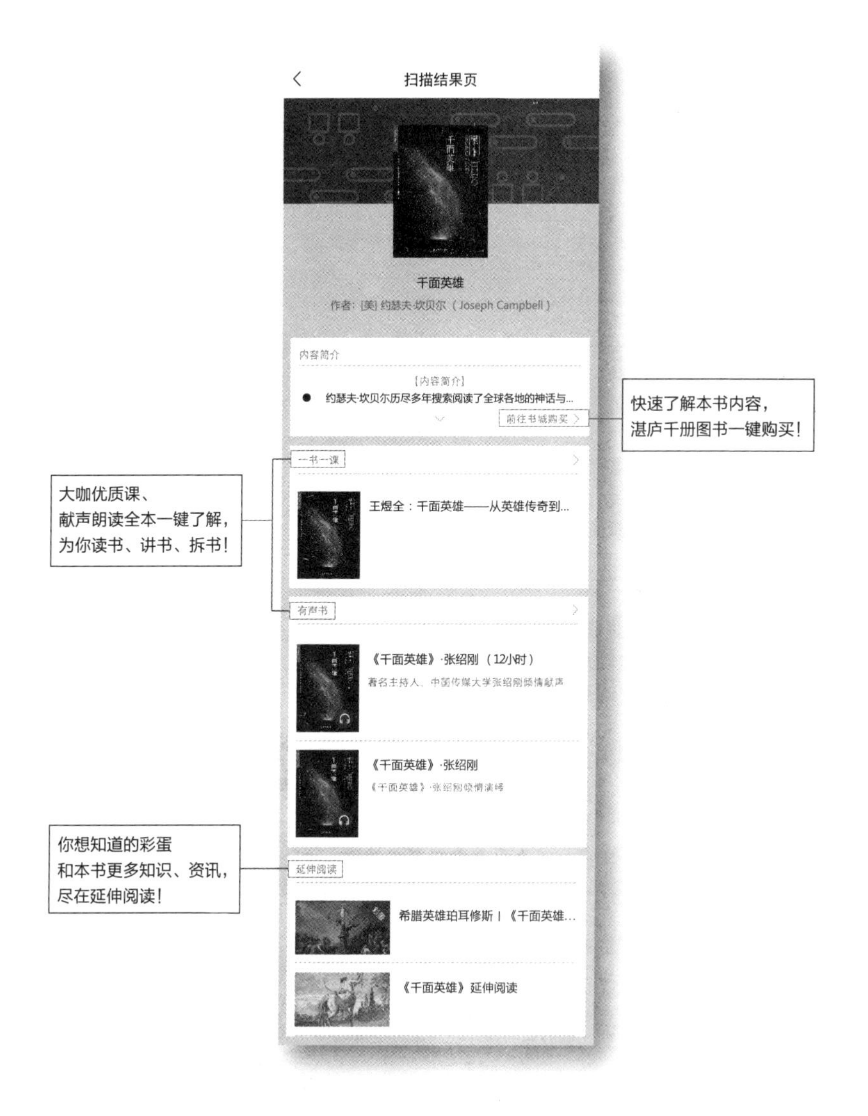

延伸阅读

《上帝的手术刀》

◎ 雨果奖得主郝景芳、清华大学教授颜宁倾情作序！雨果奖得主刘慈欣、北京大学教授魏文胜、碳云智能首席科学家李英睿、《癌症·真相》作者菠萝、《八卦医学史》作者烧伤超人阿宝联袂推荐！

◎ 一本细致讲解生物学热门进展的科普力作，一本解读人类未来发展趋势的精妙"小说"。

《人体的故事》

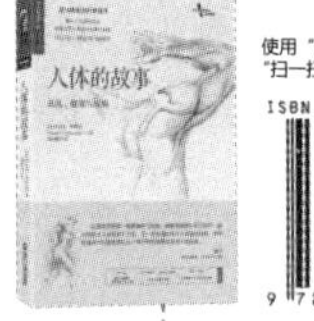

◎ 继《枪炮、病菌与钢铁》和《人类简史》之后，又一本讲述人类进化史的有趣著作！

◎ 这是一部从现代语境出发、回溯人类历史的人体进化简史，一本从进化、健康与疾病的相互关系着手、审视人体命运的权威著作。

◎ 倾听600万年的人体进化简史，了解人体每个部分的进化源头，寻找现代疾病的进化良方！

《神秘的量子生命》

◎ 媲美薛定谔《生命是什么》，量子生物学奠基之作！

◎ 北京大学生命科学学院教授、动物磁感应受体基因和"生物指南针"发现者谢灿倾情推荐！

◎ 亚马逊最佳科学图书、《纽约时报》畅销书；《经济学人》《金融时报》年度好书；英国皇家学会温顿奖获奖图书！

《生命的未来》

◎ 这是一本详细论述生命科学基本原理的杰出著作，全景展示了分子生物学的历史沿革和未来发展方向。

◎ 曾长青、刘慈欣、姬十三、李大光、爱德华·威尔逊、雷·库兹韦尔、波得·蒂尔等知名大咖鼎力推荐！

图书在版编目（CIP）数据

半个地球 /（美）威尔逊著；魏薇译 .— 杭州：浙江人民出版社，2017.11

ISBN 978-7-213-08428-7

Ⅰ. 半… Ⅱ. ①威… ②魏… Ⅲ. ①环境保护 – 普及读物 Ⅳ. ① X-49

中国版本图书馆 CIP 数据核字（2017）第 253613 号

浙江省版权局
著作权合同登记章
图字 : 11-2017-284 号

上架指导：自然科学 / 科普读物

半个地球

[美] 爱德华 · 威尔逊　著

魏　薇　译

出版发行：浙江人民出版社（杭州体育场路 347 号　邮编　310006）
市场部电话：（0571）85061682　85176516
集团网址：浙江出版联合集团　http://www.zjcb.com
责任编辑：朱丽芳
责任校对：张谷年
印　　刷：北京富达印务有限公司
开　　本：880mm × 1230mm　1/32　　印　　张：9.875
字　　数：179 千字　　插　　页：3
版　　次：2017 年 11 月第 1 版　　印　　次：2017 年 11 月第 1 次印刷
书　　号：ISBN 978-7-213-08428-7
定　　价：72.90 元

如发现印装质量问题，影响阅读，请与市场部联系调换。